U0017582

再貴也有人買！
我的第一本
手作品牌
經營教科書

高くても売れる！ ハンドメイド作家
ブランド作りの教科書

達人們熱銷不敗的訣竅，不藏私全揭露！

マツド アケミ

松戶明美 著 李欣怡 譯

各界推薦

我在多年前成立了自己的銀飾手作品牌,總覺得能享受工作帶來的挑戰和樂趣是很幸運的一件事,常常鼓勵跟我學金工的學員也成立自己的品牌,建立自己的事業。

這次看到書真的能感覺到松戶女士的用心,針對手作品牌建立、形象經營、行銷都有很詳細的說明,甚至提到很多意想不到的小細節,絕對會帶給初創品牌的創作者很大的幫助!

—— Minifeast 工作室

沒想到有一天,喜歡的事情能變成職業,但是在感到幸福之餘,也出現了需要面對的許多困惑與難題。

在書裡看到了許多一樣努力著的手作家們,彷彿可以看見他們閃閃發亮的眼神,同時也提供了寶貴的經驗與引人深思的提問。

非常推薦給喜愛手作品,希望與手作一同生活的你!

—— Osmile(毛線球牧場)

在人人都想要創業的時代，把興趣變成工作是你的夢想嗎？如果還將這個心願擺在心裡，現在是時候將它拾起！

從一步步帶你創立品牌、到成功案例分享、疑難雜症的解答，日本手作品牌家——松戶明美老師將自身經驗化為文字，不藏私地分享創業的各種眉角，讓初次創立品牌的你擁有最棒的導師。

—— Tracy（紙上旅行）

愛手創一直以來致力於透過策展與市集，推廣優秀的手作設計品牌。

在這個過程中，我們深切了解到設計師初創品牌時所面臨的種種困難。因此，格外想推薦此書。作者不僅有系統且精確地指出了設計師在職涯中遭遇的各種挑戰，更加厲害的是，每個問題都提供了流暢而有效的解決方案。

這本書提供了全面且實用的指導，無論您是正準備創立自己的品牌，或者已經是有經驗的設計師，都能帶來豐富的新思維與啟發。

—— 林祐銓（愛手創共同創辦人）

作為一名手作人，我深知創造品牌的重要性。這本書對我來說，簡直就是小寶典！

從自我風格的建立，到如何吸引新粉絲和回頭客，松戶明美老師用溫暖的筆觸和豐富的實例，教你如何在競爭激烈的手作市場中脫穎而出。每一章都滿載實用的技巧和真誠的建議，讓我在手作之路上，不再感到迷茫，更有信心，讓作品閃閃發光！

—— 雅菲（和雅菲一起做卡片）

為了將喜歡做的事情能夠持續下去，就不再只是「讓顧客開心」這麼簡單了！然而浪漫的創作者往往一面對數字，常會不自覺地把它們放在最後面，就像我一樣（笑）。

在這本書的內容裡面，可以看到每個創作者（或品牌）本身擁有的故事與特質，就像尚未開發的原石一樣，透過「風格的建立」、「尋找對的客群」、「銷售的方法」使大家了解如何在這個世代裡，讓自己的創作能夠散發出持久的光芒！

—— **春豬工作室**

現在是人人都能經營社群的時代，但要讓自己被看見並且受到喜愛，就必須擁有個人特色和獨特的內容。

在這個過程中，品牌行銷顯得尤為重要～不僅要懂得如何展現自我，更需要掌握吸引目光和留住粉絲的技巧！

無論你是剛開始經營社群的新手，還是希望提升影響力的創作者，這本書都能提供很多豐富的靈感以及技巧。

—— **廢宅少女晴天（圖文插畫家）**

一切始於Instagram。目前正夯的透明樹脂飾品，用聲音和擺盪感塑造與眾不同的風格！

cocotte ／尾山花菜子小姐

尾山花菜子小姐是在玩 Instagram 時，愛上了「UV 樹脂」這種素材，於是開始用來製作飾品。她把作品投稿在 IG 上，有人表示想跟她買，於是開始在手作網路平台 minne 上販賣。

花菜子小姐從小就熱愛手作，也曾經想過以手作為業，但是她展示的作品即使賣掉一半，收益也僅夠填補材料費，因此深深感受到這一行的難處。她一度告訴自己，這只是一項興趣，在享受樂趣時還能打平材料費已經很好了，就在這時候聽到寄賣店鋪的店長說：「有些手作達人每個月光靠手作品就能賺 20 萬日圓以上。」她心想：「我如果好好努力，也能夠以手作為業！」就此下定決心認真進入這一行。

包裝也要夢幻可愛！

販賣 UV 樹脂飾品的手作家很多，而花菜子小姐注重的是原創性，像是搖動作品時，讓裡面的小珠子晃動發出沙沙聲，或是下工夫讓施華洛世奇水晶能夠擺動。她努力研究如何做出不同於以往的視覺效果，讓這些不可思議的可愛飾品還可以拿起來把玩。

此外，為了提高作品的曝光率，她每天

都用心更新社群網站和部落格，目前 IG 的追蹤人數有二萬人，推特則是一萬二千五百人。有越來越多人看到她的作品並且給予支持，現在花菜子小姐的網路商店非常熱門，一開張馬上就銷售一空。

搖一搖，就會發出沙沙聲

後來，她如願出版了自己的書《夢幻可愛的透明樹脂手作飾品》。花菜子小姐說，她的目標是將從小就憧憬的「手作家」當作正職，希望有一天能夠帶領其他也夢想成為手作家的人前進。

SHOP DATA

品牌名	cocotte
創意概念	粉色系亮晶晶、讓你每天有好心情的飾品
品項	飾品 7 成（項鍊、手鍊等） 文創雜貨、小物 3 成（粉盒、原子筆等）
活動場所	設計節、創意市場等活動 寄賣店鋪 ネットショップまでみゅ～ 不定期在自家網路商店販售
銷售目標	月銷售額 40 萬日圓
URL	https://ameblo.jp/cocotte-co/
經歷	2013 年 7 月　在 minne 開始販售 2013 年 12 月　在「HANDMADE marche」手作市場展開首次販售會 2016 年 8 月　擔任工作坊講師 2016 年 8 月　舉辦個展「cocotten」 2017 年 5 月　出版著作《夢幻可愛的透明樹脂手作飾品》
活動經歷	4 年
運用社群網站	推特、IG、臉書、Ameba Blog

在手作活動中最重視的 3 點

1：不做跟別人相同的事、追求創新
2：愛自己的作品
3：樂在其中

令人印象深刻得忍不住再看一眼，
題材和命名都十分獨特的刺繡胸針！

中嶋刺繡／中嶋友美小姐

中嶋友美小姐的創作題材，包括了飛機頭和摔角選手。這些充滿樂趣且「怪怪的」刺繡胸章，任誰都會忍不住腦海浮現「咦?!」一聲，然後再多看一眼。她開始刺繡是源於高中時的手藝課。現在的獨特風格，來自一個念頭，就是她想做出以往手工刺繡中沒有出現過的題材。她看著家裡存放的那些顏色會因光線角度而變換的串珠時，腦海裡浮現的是燙成像黑人那樣的小捲頭。之後她買了一些暴走族雜誌，開始鑽研之後，創造出「不良少年前輩和他的夥伴」這個人氣系列。

另外，她在跟朋友聊天時對職業摔角產生興趣，在 YouTube 觀看職業摔角比賽影片後變成了粉絲，而摔角選手系列就此誕生。她說，只要一喜歡或沉迷上的東西，就會想嘗試拿來刺繡。

而友美小姐堅持的，是要讓作品能夠傳達出手工感。她原本是用纖細的線，繡出細緻的刺繡，結果很多人誤以為那是縫紉機繡出來的作品，於是她開始改用比較粗的線，大膽地繡出較不工整的線條，並且不規則地縫上串珠，用心凸顯手作感。她表示目前也還在摸索修正中，為了完成一個作品，往往要花上好幾個月反覆進行細部修正。

因「怪怪的很可愛」而大受歡迎的摔角選手系列

由於友美小姐平時還有別的工作，能花在手作上的時間平日只有二～三小時和假日。她說，假日常常一整天都在刺繡。

友美小姐說：「因為是透過針線來表現，有時候會出現一些意料之外的線條或形狀，而這正是刺繡有趣之處。」有些顧客會佩戴友美小姐的胸章到展覽會場來，也有些顧客回饋說他們會照著刊登在雜誌上的做法自己嘗試刺繡，這些事情都大大鼓舞了友美小姐的創作欲。

名片跟紙膠帶也要夠潮

SHOP DATA

品牌名	中嶋刺繡
創意概念	把幽默帶著走
品項	刺繡胸章、托特包
活動場所	minne、Village Vanguard Online Store 設計節等活動 百貨公司委託活動
銷售目標	在活動或寄賣店鋪中的銷售額，達到展出作品定價總額的 1／2
URL	https://nakashimatomomi.jimdo.com
經歷	2014 年 8 月　在 minne 開始販售 2014 年 12 月　獲得 minne 年度最佳點子獎 2015 年 5 月　首次於設計節中獨力參展 2015 年 7 月　Handmade in Japan Fes' 參展 2015 年 7 月　獲「裝苑」9 月號刊載 2016 年 2 月　SESSE Contemporary 刺繡展 阪急梅田本店參展
活動經歷	4 年
運用社群網站	推特、IG

在手作活動中最重視的 3 點

1：創作在其他地方找不到的歡樂作品
2：不斷在錯誤中修正，到自己滿意為止
3：眼睛容易疲勞，所以要重視睡眠

改造長輩傳下來的和服，
顧客喜極而泣的眼淚以及對和服的喜愛
是創作的原動力

Kimono Style Interior AYAHIME （彩姬）／長谷川敦子小姐

　　長谷川敦子小姐原本並不是立志要成為手作職人的，而是因為要照顧父親，才開始經營「能夠在家裡工作」的網路商店。當時，有認識的人知道敦子小姐喜愛和服，就把自己年幼時就過世的母親的和服轉讓給她。敦子小姐為了答謝對方，就用她當時當興趣在學的「法式手工布盒」（cartonnage）技法，把對方母親的和服做成相框和面紙盒等，再回贈給對方。對方收到後，感動到喜極而泣，她就此萌生了一個念頭：「想要將被遺忘在角落的、充滿回憶的和服，放在更容易讓人感受到的地方！」

　　為了宣傳，她製作了摺頁傳單，親手發給遇到的人，同時以臉書為中心，持續在社群網站發表各種訊息。

和服做成的相框

　　因為她總是精心挑選最能夠表現古布花紋的部分，同時又很注重和內裡及背面的配色，即使只是完成一件作品也非常耗時耗力，能製造出來的件數也有一定的限制，有時候銷售跟付出不成比例，讓她倍感受挫。不過當顧客告訴她「全家

人都很高興」的時候，她就覺得受到鼓舞，能夠繼續堅持下去。

　　每個家庭都有許多和服，雖然承載著家人的回憶，卻沒人穿，在衣櫃裡沉睡。據說「和服的壽命大約有一百年」，真心希望大家能夠將這些貴重稀少且瀕臨絕滅的美麗古布，拿出來裝飾在日常生活中，使用它、玩賞它！敦子小姐懷抱著這樣的熱情，現在除了網路商店以外，還會參加以「和風」為主題的活動展出，以及在百貨公司及古民家（譯註：為日本代表性的一種傳統住宅）藝廊舉辦工作坊。今後，她希望能將日本的和服文化推廣到全世界，也在法國、馬來西亞及台灣等海外各地積極展開活動。

SHOP DATA

品牌名	Kimono Style Interior AYAHIME（彩姬）
創意概念	將和服帶入室內裝潢，增添生活色彩
品項	改造顧客的和服・腰帶、利用古董和服・古布改造的手工布盒商品、桐箱（譯註：以泡桐木材製作的盒子）。
活動場所	BASE（網路商店）
銷售目標	月銷售額 50 萬日圓
URL	http://www.aya-takarabako.com
活動經歷	3 年

在手作活動中最重視的 3 點

1：滿足客戶的要求。只要有人提出需求，一律挑戰看看，不為自己設定極限
2：開心創作、開心販賣
3：健康

大家都能以喜愛的顏色來挑選飾品
強項是對色彩豐富選項的堅持！

七色洋品店／SAKATA NAHOKO小姐

SAKATA NAHOKO 小姐非常喜歡以幫人訂做衣服為業的祖母，據說她小時候都在祖母工作的地方玩耍。NAHOKO 小姐表示，由於十分憧憬祖母認真工作的姿態和她工作場所的氣氛，所以當時就隱約擁有自己也想創作的念頭。在就職考試不順利時，為了療癒自己而進行的飾品製作，成為她後來建立自己品牌的契機。由於她目前是一邊從事別的工作，一邊營運「七色洋品店」，她的販賣活動主要是透過文創雜貨店或限定店鋪的寄賣、藝廊的企劃展或個展等。

「七色洋品店」的特徵，就像它的品牌名，在於「色彩」。為了滿足沒有自己想要的顏色的飾品而「失望」的顧客，堅持提供豐富的色彩選項，特別用心備足了各種寒色系的顏色。在活動中或限定店鋪裡，則提供了只有當時當地才能買到的色彩、或是不對稱的穿式、夾式耳環，帶出「獨一無二的感覺」。

據說 NAHOKO 小姐，為了掌握顧客想要什麼，會盡可能頻繁地跟寄賣的店員溝通、蒐集資

訊。而她的細心溝通，也得到顧客的迴響：「妳總是不斷在進化，真的很了不起！」

　　目前的夢想，同時也是刺激自己建立品牌的祖母的心願，就是寫「自傳」。NAHOKO 小姐希望能夠透過自己製作的飾品，道出自己崇拜的祖母的故事。

SHOP DATA

品牌名	七色洋品店
創意概念	能夠在日常佩戴在身上的，非日常的閃閃爍爍
品項	項鍊、穿式・夾式耳環、胸章等飾品
活動場所	寄賣店鋪
銷售目標	月銷售額 30 萬日圓
URL	http://nanatsuiro.mond.jp/
活動經歷	「七色洋品店」已經營第 3 年

在手作活動中最重視的 3 點

1：永遠將對方的存在放在心上
2：保持天線靈敏度，隨時接受新資訊。每天都要用功學習
3：永遠不忘身為挑戰者的心情

前言

當今的手作家
為什麼必須創造品牌？

澳洲沒有星巴克?!

你聽說過嗎？美國大型咖啡連鎖店星巴克，是世界各地觀光區都找得到的人氣咖啡店，在日本也非常受歡迎。不過在澳洲，星巴克卻於2014年將直營事業賣給當地企業，從澳洲市場完全撤退。

難道是因為在澳洲咖啡店不受歡迎嗎？其實並不是。

據說澳洲的咖啡店市場有94.4%是小店，店鋪的數量跟5年前相比增加多達了26%。

在這麼多獨立的小店中，光憑提供美味的咖啡，是無法勝出存活的。必須為了跟其他咖啡店做出區隔，努力找出特殊的行銷點、抱持某些堅持、或是想出新穎的服務，來提供具有原創性的價值。

在這樣列強環伺的局勢中，當地有家人氣咖啡店叫做Campos，他們打出的口號是：「以高價收購世界各產地的咖啡豆。」

據說，他們除了想引進最高品質的咖啡豆之外，也認為「支付公平的金額給咖啡豆生產者是很重要的」。對這個想法產生共鳴的顧客，即使店內一杯的價格比其他店昂貴，依舊願意定期上門光顧，其受歡迎的程度，聽說即使雨天也一樣大排長龍。

像這樣的故事，並不侷限於澳洲的咖啡店。

日本近幾年手作品廣受喜愛，加上利用網路就能簡單販售的手作市場出現，降低了販賣手作品的門檻。這種低門檻的環境，讓以往購買手作品的顧客，開始變成手作家，以此獲得收入。

過去在手作品不如現今普遍的時代，光是「手作」的價值就很高，但現在又是如何呢？

環視四周，可以看到許多人從事手作活動，作品可愛、使用上很安全已經是理所當然的，而能把作品拍得很漂亮、並懂得靈活運用部落格或社群網站，也漸漸變得不再稀奇，所以光憑這些要得到顧客的青睞，變得相當困難。

在這樣的大環境當中，能夠讓顧客說出：「即使必須等待也要買你的作品！」「即使貴也要買你的作品！」的手作達人到底有什麼特徵呢？

這本書是寫給已經有販賣作品經驗的手作人，對於希望能拓展知名度，成為擁有死忠粉絲的暢銷手作達人的你，你最需要的正是「品牌創造」。

當一位具備品牌力的手作達人吧，讓顧客覺得，即使貴，就是想要你的作品！

CONTENTS

2 高價也能熱銷！
商品結構的建立方式・
訂定價格的方式

3　如何吸引粉絲・
如何吸引回頭客

維持手作家身分
的成功腦和推廣活動的方式

5 為手作家的煩惱提出解答！

PROLOGUE

為何品牌創造
是必要的？

⊞ PROLOGUE POINT ⊞

世界上有很多可愛、漂亮的東西，有些賣得好、有些賣得不好，
其中的「差異」究竟為何？

本章要談的是為了做出這種「差異」必要的品牌創造。

我們會從品牌是什麼？到創造品牌必須先建立的「自我風格」，
所有必須先具備的知識，都深入淺出地舉例說明。

你也開始創造自己的品牌吧。

話說品牌創造
究竟是什麼？

讓我先問一個問題，以下你覺得是「品牌」的有哪些？

愛馬仕
優衣庫
大間鮪魚
嘎哩嘎哩君

接下來想繼續請教：哪些你認為是品牌？而那些你認為不是，理由為何？

提到品牌，我想很多人會聯想到價格昂貴的東西，或是日常生活中自己不是很感興趣、不常接觸的東西。但是，品牌價值並不是光靠「價格」來決定的，而我舉的四個例子，在我的定義當中全部都是「品牌」。

讓我來說明一下理由。據說品牌（brand）這個字的源頭，是來自為了區分自家家畜和別人家家畜所印下的烙印。

也就是，它起源於為了留下「這是屬於我的物品」的印記，以便和別的東西做區隔的這個行為。此外，如果在網上搜尋「何謂品

牌？」應該可以找到像是「為了跟同類中其他財物或服務做區隔」
或是「具備與他者有區隔特徵的物品」這樣的說明。

　　而我自己的品牌定義很簡單，就是具備「自我風格」的東
西。所謂「自我風格」，指的是看到的人也抱持相同印象，會覺得
「啊，很有那個品牌的風格呢」、「果然是這個品牌的東西」，而
且具備能讓別人這樣想的特徵或強項。

　　比方說愛馬仕，以其悠久的歷史和高級著稱；而優衣庫，則讓
大家覺得價格容易入手，也非常實用、擁有優良的功能性，他們的
HEATTECH發熱衣廣為人知，儼然成為此類商品的代名詞。

　　在居酒屋聽到「今天有大間的鮪魚喔」，每個人都會抱持期
待：「保證好吃！」而講到嘎哩嘎哩君，大家都知道它是便宜好吃
的冰棒，也會立刻聯想到那個頗具特色的吉祥物，還有〈嘎～哩嘎
哩君♪〉那首獨特的廣告歌。

　　我舉出的這四個品牌，各自具備了愛馬仕風格、嘎哩嘎哩君風
格等「自我風格」，而他們的強項及特徵是能夠讓顧客也抱持同樣
的印象。

　　因此，所謂的「品牌創造」也意味著將你的「自我風格」，以
正確易懂的方式傳達出去。

創造人氣品牌的
三要素為何？

　　我曾經因為想要能夠清楚傳達創造品牌的方式，而著手調查自己認為是「品牌」的企業。為了讓大家容易理解，我選擇大眾熟悉的品牌「嘎哩嘎哩君」來介紹。

　　在嘎哩嘎哩君的官網上介紹了嘎哩嘎哩君是怎麼誕生的，他誕生的緣由像是一個短篇故事，很自然就會進入腦海中。

　　看了他們開發背後的故事，我對赤城乳業這家公司產生了興趣，於是點擊了公司介紹的網頁，而這家公司傳達「玩心」的能力，一瞬間就虜獲了我的心。

　　他們的公司介紹，居然是一根咬過的冰棒的形狀！不只如此，介紹公司文章的用字遣詞是任何人都能輕易讀懂的，而且赤城乳業將他們宣稱重視的「玩心」，在冰棒裡面表現得淋漓盡致。

　　這篇公司理念讓我深受感動，而且非常淺顯易懂，所以我時常拿到講座上跟大家分享。

　　細看他們公司的LOGO，可以看到上面寫著「來玩吧」，而赤城乳業重視的點以及製造商品的態度，都濃縮在這句話裡面了。

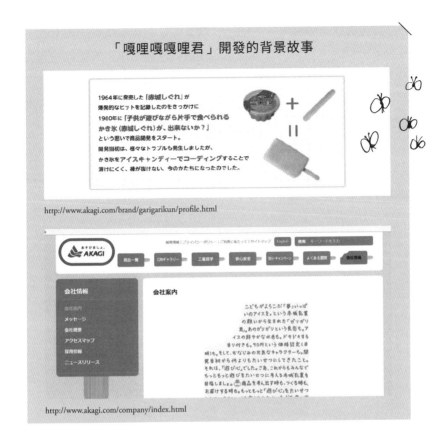

「嘎哩嘎嘎哩君」開發的背景故事

1964年に発売した「赤城しぐれ」が
爆発的なヒットを記録したのをきっかけに
1980年に「子供が遊びながら片手で食べられる
かき氷 (赤城しぐれ) が、出来ないか？」
という思いで商品開発をスタート。
開発当初は、様々なトラブルも発生しましたが、
かき氷をアイスキャンディーでコーディングすることで
溶けにくく、棒が抜けない、今のかたちになったのでした。

http://www.akagi.com/brand/garigarikun/profile.html

http://www.akagi.com/company/index.html

　但是赤城乳業在發生「雷曼兄弟事件」時，也跟其他廠商一樣，選擇把重心放在長銷的老產品銷售上，而非比較耗費資金的新商品開發。那個時候，聽說一些赤城乳業的粉絲及零售商的採購，紛紛反應了：「赤城乳業最近完全沒有玩心！」「沒有嘗試挑戰！」「我們不想看到這樣的嘎哩嘎哩君！」

　聽到這樣的心聲，老社長決定要找回挑戰精神，於是在2013年發售「嘎哩嘎哩君奢華玉米濃湯口味」，我想很多人都記得這件事。

據說當時在赤城乳業內部，有很多人反對這項挑戰，但社長一聲令下，決定要販售，結果新商品在推特或臉書等社群網站被廣為分享，最後造成熱銷。

「來玩吧」是粉絲能夠認同赤城乳業的一個重點，而與顧客共有的重要共通印象，就是「自我風格」。

我們來總結一下什麼是品牌，就會知道它必須具備下列3個要素：

1 有非常重視的想法！

2 有一貫的「自我風格」！

3 有能夠認同的粉絲！

嘎哩嘎哩君也具備了這3個要素，對吧。這樣，大家是否能理解所謂的品牌是什麼了呢？

在你周遭也存在許多的品牌，當然，在你喜歡的手作達人當中，應該也有符合這樣條件的人吧？

參考：《鈴先生的「嘎哩嘎哩君」熱銷術》
（『スーさんの「ガリガリ君」ヒット術』，
鈴木政次著・鱷魚圖書 WANI BOOKS）

http://www.akagi.com/company/index.html

公司介紹

嘎哩嘎哩君的誕生，出自赤城乳業希望製造出充滿各種讓小朋友開心的「夢想」冰品的心願。不管是它咬起來嘎哩嘎哩的口感、鮮豔的淺藍色、令人心跳加速的中獎機會、或是（當時）50日圓的價格設定，當然，那個大家熟悉的活潑的看板人物也是。從開發初期到現在，有一件事是我們看得比任何事都重要的，那就是「玩心」。我們赤城乳業今後的目標，是要繼續讓大家能夠更加更加珍視遊玩這件事，不管是進行商品發想、製作，或是送到顧客手中的時候皆然。讓我們往後越來越珍視「玩心」（因為各位顧客所期待的 應該也正是我們這種玩心吧）。讓我們對於「玩心」也嚴謹認真地投入吧（因為慎選原料、注重顧客的健康，應該就能讓顧客放心地玩）；讓我們每個人都能夠擁有一個充滿「玩心」的人生（因為如果能把這樣的人聚集起來，應該就能形成一個即使微小仍然強大的社會）。讓赤城乳業用「玩心」將這個有點憂鬱的社會變得開朗吧（因為我們是提供美味、歡樂和豐足的夢想製造家）！

需要做出「自我風格」
的不只是物品

正如我舉了嘎哩嘎哩君這個例子，製造商品的背景、理念、商品本身、附隨而來的東西（以嘎哩嘎哩君為例就是官網等呈現的工具）。

以手作家而言，就會是品牌名、LOGO、小卡、摺頁、名片、部落格等等，就算在這些方面能夠做得很好，光是這樣並不足以產生「自我風格」。

各方面都有它的一貫性，才可能產生「自我風格」，也就是世界觀。而對你的「自我風格」產生共鳴的人，就會變成你的粉絲，變成回頭客，變成那些會主張「就算貴還是想要！」的顧客。

我們身處的這個時代，隨時隨地都能購買喜歡的東西。不管是包包、胸針、衣服還是飾品，只要我們想買，到處都買得到，你可以在車站裡的店鋪、百貨公司或是網路上買到。即使如此，有些人仍堅持著「我想跟這個人買」、「我要買這個作品，就算要等我也願意」。

你不也是如此嗎？同樣要花錢，就算稍微偏貴，也會為了自己選的東西心甘情願地打開錢包吧。

一些大型企業，現在不只是做出更好的商品或是提供更好的

服務，他們也開始把這些以往看不見的、企業內部的樣子攤給大家看，像是產品是怎麼製作的、製作現場是什麼樣子、在那邊工作的人又是什麼樣子……等等。

　　以「讓日本的漢堡更美味」為宣傳口號著稱的摩斯漢堡，製作了一個叫做「摩斯漢堡的祕密」的網頁，在那裡公開他們原本不為人知的誕生背景故事以及漢堡的做法。官網上有一個項目叫做「摩斯的理念」，澈底公開他們食材是怎麼生產出來的、公司從事哪些活動以及如何參與社會。

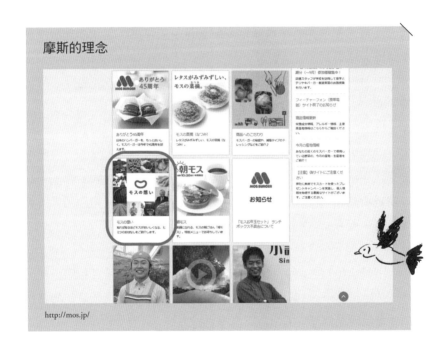

　　不管是食材、製作方法、還是做出來的漢堡，都呈現出一貫的理念，這就會成為他們「自我風格」的基礎。手作達人當中，也有一些人開始與顧客分享除了作品以外，還有自己的「理念」和對手

作的態度。

　　專門製造販賣狗狗衣服的品牌wan brand A demain，背後的手作達人旗手愛小姐如此描述她開始做狗狗衣服的契機和現在的理念：「2003年12月，一隻讓我一見鍾情的迷你臘腸狗『橄欖』變成我的家人。橄欖很怕別的狗，為了表示我會一直陪在牠身邊，所以開始製作可以跟牠一起穿的母子裝。後來，我又養了另一隻迷你臘腸羅勒，羅勒會過敏，為了保護牠的皮膚，我必須製作不會造成牠身體負擔的衣服，所以開始研究材質和版型。

　　「這兩隻可愛的狗狗對我而言就像是自己的孩子一樣，有了牠們，我每天都很開心、很滿足。但是有一天早上，當我睜開眼卻發現橄欖突然踏上天國之旅了。

　　「這件事不只悲傷，也讓我領悟到以往稀鬆平常迎接的每一個『明天』是多麼珍貴，而能夠以笑臉度過的那些日子是多麼的重要。

　　「我用法文給狗狗衣服取的品牌名叫做『A demain』，我將想法寄託在法文的『明天見』這句話裡面，在做狗狗衣服的時候，心裡總是祈禱希望主人們能夠跟就像親生小孩般的寶貝狗狗們，笑著度過每一天。」

　　小愛小姐現在將這個故事和理念寫在部落格的首頁和摺頁裡。另外，她還寫下「3個承諾」，用在摺頁和小卡上傳達她是如何將這個理念反映在作品上的。

　　我自己也跟狗狗一起生活，所以對小愛小姐的理念產生了共鳴，對於她做手作品的態度感到很安心。

　　同樣要花錢，大家都會希望能向有目標的人、能產生共鳴的人、覺得很棒的人買！正因為這是物質豐足的時代，不僅只是很

帥、很漂亮、很可愛這些特點，連作者的理念和對手作的態度，都
能轉化成你的價值。

(POINT) **小愛小姐會告訴顧客**
「自己製作狗狗衣服時留心的3個承諾」

1. 在追求漂亮線條的同時，也不忘是必須讓wanwan方便活動
   的衣服。
2. 因為每天都穿在身上，嚴選對wanwan跟對您都好的素材。
3. 以wanwan與您的角度製作讓您開心的商品。

寫滿A demain誕生的故事、
理念及3個約定的摺頁

[PC/スマートフォン] http://ademain.biz/

登録待ってるワン

LINE
始めました
ID 検索は @KBK4286W

ご自由に
お持ちください

À demain
wan（ワン・犬服）ブランド アドゥマン

「毎日がsomething special」がコンセプト。
一番近くで抱きしめたい、毎日笑顔で過ごしたい
飼い主さんとwanちゃんのためのアイテムをお届けします。

À demain

ネットショップ・イベントなどで販売中

アドゥマン 犬服　検索

毎日笑顔に
なれる商品

wan（ワン・犬服）ブランド
À demain　アドゥマン のストーリー

『オリーブとバジルとの運命の出会い』

オリーブとのお出い会い

『A demain アドゥマン また明日』

一番近くで抱きしめたい、毎日笑顔で過ごしたい
飼い主さんとwanちゃんのためのアイテムをお届けします。

▶アドゥマンの商品について◀

MY NAME IS
NANA

▶3つのお約束◀

1

你 的
「自我風格」
是什麼？

先釐清能讓你產生共鳴的「品牌」的世界觀。

前面跟各位提過，想要成為讓顧客說出「就算貴也想跟你買」的
手作達人，「品牌創造」是很重要的。

想要建立出品牌、持續「手作」活動，就必須要有能對自己產生
共鳴的顧客，而為了讓顧客認識你，也必須正確傳達你的「自我
風格」。

如何將你的「自我風格」明確化呢？本章將列出「自我風格」必
備的幾個要素。我也會舉出幾個實例當參考，請試著思考你要如
何創造專屬的「自我風格」。

自我風格的建立方式 1

你當手作家的理由——訂定任務目標

　　我曾在自己的臉書直播中，做了以下調查：「購買社群網站看到的手作品時，你會確認哪些地方？」

　　在價格、社群網站更新的頻率、手作市場的評價等選項當中，最多人選的是「那位手作達人po到社群網站的內容」，其次是「部落格」。

　　在調查當中我收到了這樣的意見：「看到覺得好的作品，首先會去部落格看一下他的人品」、「看他在評價當中跟顧客的對話，如果感覺不錯，就會變成他的粉絲」、「我會想知道他從事怎樣的活動，然後是抱持什麼理念在活動的」。

　　人在購物時，會覺得「不想犯錯」，不過不只是如此，製作的「人」和「理念」等，也漸漸變成是讓顧客在眾多有魅力的手作品當中，選擇「我想跟這個人買！」的理由，這一點我在序章已經介紹過了。

　　你當手作家的理由是什麼？

　　我想你的回答一定只有這一句：「因為喜歡。」

　　我想許多手作達人之所以開始從事手作，多半是基於「喜歡」這個動機。另外，或許有人的理由是「因為擅長這個」，或許還有

人的理由是「試著賣賣看，結果賣出去了」。

　　事實上，背後的真心話我想應該是「從來沒想過理由是什麼」，不過如果之後也打算繼續從事這份工作，那麼你應該已經了解到，看清自己的原點，不僅可以維持動機，跟顧客分享你的理念是一件非常重要的事。

　　最重要的是，如果你的理念能夠獲得分享與認同，就能夠讓你的品牌得到更久、更多的支持。

　　在序章裡介紹的wan brand A demain旗手愛小姐，經歷了愛犬突然過世的悲劇，萌生了想讓有寵物的人「明天也能露出笑容」這個念頭。她將這個想法在部落格、摺頁和小卡上介紹給大家，得到了有同樣經驗顧客的共鳴，逐漸成長為一個受到喜愛的品牌。

　　你也可以將自己活動的原點化為字句，分享給你的顧客。

CASE 任務的訂定
為什麼選擇親子裝？

在IG大為流行的今日，常常可以看到各式各樣媽媽跟小朋友穿親子裝的照片。

剛建立親子裝品牌omusubi-five的阿部奈奈小姐就有3個兒子。每天在家事和育兒之間的空檔從事手作活動的奈奈小姐，據說其實有這樣的想法：「如果下輩子投胎還是女人，會想試試沒有孩子的人生！」

之所以會有這樣的念頭，是因為不管是好好坐下來吃完一頓飯，或是安靜度過一個人的咖啡時光，這些她曾經希望能享受的事情，都會因為小孩的一聲「媽媽」就被打斷。她說，從來沒想到這會是如此令人糾結的一件事。

就算把時間和心神全都灌注在孩子身上，還是會對自己的育兒方式感到不安的，一定不是只有奈奈小姐一個人吧。

即使如此，為了孩子、為了家人，這個也不能不做、那個也不能不做，每天都覺得很煩、很辛苦，眼淚都要掉出來了，不過聽到孩子說聲「我來幫忙」；或是再冷的天都早起陪孩子學才藝，最後看著孩子成功達成目標，一下子九成的辛苦都會因此煙消雲散。奈奈小姐說，她深切體認到這種對媽媽而言再高興不過的「一成的魔

法」是存在的。

「孩子長得很快，會黏人纏人叫媽媽、媽媽也只是一時。願意穿媽媽選的衣服，或是家人一起穿全家服的時間可能很短暫，所以我希望自己能藉由製作親子裝，讓大家盡情享受這短暫的時光，幫助大家得到那一成魔法的喜悅和歡樂。」

奈奈小姐說，她最初並沒有想過為什麼要做親子裝的理由，一開始腦海裡浮現的都是「因為想做」、「因為想穿」這些簡單的原因。不過，當初為什麼想做？做出來後有什麼感想？誰會產生共鳴？他們為什麼會產生共鳴？在她反覆回答這些問題的過程中，自己的理念漸趨明確，開始能夠想像她希望什麼樣的人能夠因為她的作品而開心。

在你的腦海裡，能夠浮現因為你的手作商品而開心的人的臉孔嗎？

他們或許是一直支持著你的重要朋友和家人，甚至是幾年前的你自己：為了自己而做，能夠滿足自己並得到快樂，這當然是很重要的。不過，當你製作的時候，腦海會開始浮現其他人的面孔，才是跨出職業手作的第一步。

http://teshigoto.exblog.jp/

(POINT) 阿部奈奈小姐的任務

孩子的幼兒時期是教養過程非常辛苦的階段，即使時間很短暫，還是希望能藉由omusubi-five的衣服來提供匹敵魔法的一成的開心和樂趣，這就是我的任務。

omusubi-five的三個承諾
· 盡可能使用能夠穿三季的材質和類型
· 選用能夠自行在家輕鬆清洗、保養起來不麻煩的材質
· 提供只有穿在身上的人才知道的「展露笑容的祕密」

就算孩子穿親子裝的時期短暫，還是希望孩子多穿幾次，所以奈奈小姐製作衣服的前提是「能穿三季，並且可以在家自行清洗保養」。

此外，omusubi-five衣服的特徵是簡單自然，據說她還會在口袋裡面和衣物襯裡使用不同的花樣和顏色，讓這種只有穿的人才知道的「特別感」成為顧客和製作者之間才知道的「展露笑容的祕密」。

正因為清楚掌握了自己想要引起共鳴的對象，她才能夠歸納出「對顧客的承諾」。

你的原點就是
你的「任務」！

　　就像奈奈小姐的例子，請大家思考自己為什麼要做手作品？藉由釐清這個原點，將你想要分享、引起共鳴的對象加以明確化，你在手作工作上的角色就會越來越清晰。

　　我把這個「角色」稱為任務。

　　任務這個字含有「使命」的意思，我想，對於原點是「喜歡」的手作達人而言，遇到有人問「你的使命為何？」這也不是個容易回答的問題。

　　這個時候，像奈奈小姐一樣，你可以試著去整理一下，自己開始手作的契機、每天在做作品的時候所想的事，以及你希望讓什麼樣的人開心？

　　或許你會意外地發現自己也不曾察覺的、對於手作的堅定理念。

訂定任務的習題

1 請試著想想看：你為什麼開始做手作品？

如果是受到別人的影響，那麼他是如何影響你的？是什麼讓你覺得嚮往呢？

回答範例：

我從小就跟祖母感情最好。我非常喜歡祖母從圍裙口袋裡拿出口金包關上時，發出的那「喀鏘」一聲。那種「喀鏘」聲，到現在依舊是會讓我想起已過世祖母的溫馨回憶，我希望能夠藉由製作口金包來表現那種懷念和溫馨的感覺。

2 請問製作手作品這件事，在什麼時候、哪一種感情上賦予你正面的影響？

回答範例：

當我快要失去信心時，就會拿口金包來打開、關上，每個「喀鏘」聲，都能夠讓我覺得彷彿最愛的祖母就在身邊，讓我內心充滿愛與溫暖，然後就能振作起來了。

3 你的手作品帶給誰什麼樣的欣喜？

回答範例：
為了表現懷念與溫馨，我選擇的都是比較復古的花樣，所以喜歡復古花樣的人和喜歡口金包的人都會很開心。

4 你希望自己的手作品能夠讓誰得到什麼樣的幸福？（任務）

回答範例：
我想要藉由令人懷念的花樣、色彩與材質的口金包，以及它那響亮可愛的「喀鏘」聲，每天鼓舞那些在日常生活中感到疲憊的人。

(POINT) 思考自己的任務，就會是一個起點。或許有些人會想得很難，但首先請試著想想除了「喜歡」之外，還能怎麼說明你為什麼要做手作品，應該會很有趣。此外，任務並不是只要訂定下來就結束了，隨著活動舞台的變化，你的心境應該也會產生變化，所以不妨享受這些變化，隨時彈性變動你的任務。

自我風格的建立方式 2

用語言來表達「很有某某人的風格耶」
—— 訂定創意概念

在序章當中我提到過，品牌必要的 3 要素之一，是「讓『自我風格』具備一貫性！」

建立「自我風格」，首先你「在做的是什麼東西」，必須要能用**易懂的文字**傳達給看的人，這叫做「**創意概念**」。

我想，多數手工達人都是從製作自己想做的東西、會做的東西開始的，如果重新問你：「你在做什麼樣的東西？」大家多半會不知道怎麼用文字表達。

或許有些人會說：「看了就知道了！」不過，完全放手讓對方自行解讀你想傳達的訊息，訊息很有可能會被誤讀，我覺得這是很危險的。

想要當一個能夠長久得到支持的手工達人，將你的想法、想傳達的訊息，用清晰易懂的文字表達出來，以此吸引能夠產生共鳴的顧客，讓顧客了解你在做的是什麼樣的作品，是絕對有其必要的。

除此之外，有了清楚的「創意概念」，你的作品就有了根基：「因為作品的創意概念是如此如此」，所以我選用這樣的材質、做了這樣風格的設計、會用這樣的商品結構來發展……這些細節都會

跟著變得明確起來。

　　同時，如果你原本只是「這個也做、那個也做，想做什麼就做什麼」，沒想到還順利賣出去了，因此不知道「自我風格」到底是什麼而感到煩惱的話，可以藉由釐清創意概念，讓你脫離這樣的困境。

CASE 創意概念的訂定

45歲以後優雅可愛
的日常飾品

　　我想，有許多人也想清楚地傳達自己的訊息，卻不知道該如何訂出創意概念而煩惱。

　　我們在此介紹一位曾經苦於不知如何訂定創意概念的飾品達人的實例。

　　「Bouquet de Muguet」的熊谷玲子小姐，自從看到天然石串珠飾品的書之後，就深受天然石吸引，於是從2002年開始製作飾品。她原本一直認為，想盡辦法用天然石做出各種設計的飾品，才是對手作人而言最重要的事。

　　我第一次見到她的時候，她拿了一路做過來的作品給我看，從華麗花稍、大膽使用大顆寶石的飾品，到小巧可愛可以天天佩戴的都有，作品的設計形形色色。

　　如果把玲子小姐的作品單獨分開來看，每一件都可以想像它們適合什麼類型的人在什麼樣的場合佩戴，但是綜觀全部作品，你反而會忍不住想：「這些到底是幾位手作達人做出來的呢？要在哪裡賣才會賣得好？」因為很難讓人捕捉到這個品牌的全貌。

　　於是我把玲子小姐的飾品分成三種風格，然後試著問她想做的

東西是屬於哪一種風格？

　　玲子小姐原本認為，手作飾品達人的工作不就是該製作各式各樣風格與設計的作品嗎？她不懂為什麼必須從各種風格、設計中再進一步挑選，因此問我理由為何。

⊕ 為什麼不能讓作品有各式各樣的風格？

　　如果玲子小姐的品牌是日本唯一的飾品店，那麼為了滿足顧客們五花八門的喜好和需求，就會需要各式各樣設計的商品。但是，現在想買飾品，你可以在百圓商店、百貨公司、精品店或網路買到。

　　正因為市面上的選項繁多，所以你不需要為了討好全國的顧客，製作出五花八門的飾品。當然，如果你想要這樣做的話也是可以，但我前面提過，為了銷售，「易懂」是很重要的原則。

　　這裡的「易懂」，指的是讓顧客容易理解是什麼樣的人、什麼時候、在什麼地點、為了什麼目的而購買。

　　那麼要怎麼做，玲子小姐才能讓人了解自己的飾品品牌，進而願意選擇購買呢？

　　我們必須要讓大家知道，玲子小姐的飾品可以讓「這樣的人」在「這種場合」「這樣佩戴就會美到令人讚賞喔」。所以「這樣的人」是怎樣的人？該在什麼場合佩戴？這些問題就必須由玲子小姐來告訴大家。

　　當然，我想每位手工達人的真心話，或許是希望各式各樣的顧客都能使用、佩戴自己的作品。不過在當今這個選項琳瑯滿目的時

代，比起「各種人」，明確指出「這種人」，在網路上會更容易銷售（這一點我還會在〈自我風格的建立方式 5〉的地方跟大家仔細說明）。

同時，為了讓顧客正確掌握玲子小姐的品牌是什麼樣的品牌，進而願意選擇它，就必須建立和顧客之間的共鳴點，這個共鳴點就是「創意概念」。

玲子小姐的作品，是以天然石串珠為主的項鍊和耳環。

天然石的溫潤光澤，即使襯托熟齡女性的肌膚也不顯突兀，穿著T恤等休閒服飾時只要加上天然石飾品，馬上能變得時尚美麗；而在盛裝打扮出門時，則能增添華美感，玲子小姐就親身感受到天然石的這種魅力。

於是我問玲子小姐，她想帶給什麼樣的女性喜悅呢？她說，就像她自己一樣，是育兒告一段落、開始有自己時間的女性，因此希望能夠製作一些適合日常佩戴、簡單而優質的飾品，讓這些女性的心靈更加豐富。她還告訴我，她期許自己不管幾歲，都能夠讓孩子稱她「引以為傲的媽媽」。

於是在這當中，我們得到的創意概念是：

「45歲以上優雅可愛的日常飾品」。

藉由「45歲以上」這個敘述，可以想像大概是什麼年齡層、有過什麼樣經歷的女性，而「優雅可愛」，則能讓人聯想到使用的是小巧高級的材料。還有「日常」這個敘述，可以讓人想像飾品是輕巧簡單的設計，佩戴時不會麻煩或不方便活動，同時也能對價格有點概念。

我們就這樣歸納出了一個非常易懂的「創意概念」。

順帶補充一點，雖然顧客的設定是在「45歲以上」，但實際上玲子小姐的粉絲當中也有20多歲和60多歲的女性，那你可能會說：「不是45歲是不是就不能賣給她們？」其實並不是的。

玲子小姐受邀在百貨公司辦活動的時候，有位看起來20多歲的可愛女性對她說：「我迷上玲子小姐的作品了！」她每天都會出現，頭髮總是捲得蓬蓬的，穿著有蝴蝶結的白上衣配上過膝米色裙子，腳上是低跟皮鞋，這位粉絲正是一位具備「優雅可愛」氣質的女性。

玲子小姐說，藉由建立了濃縮自己作品特徵和優點的創意概念，不但更能清晰傳達品牌的世界觀，同時也幫助她掌握自己的顧客，在製作新飾品時，腦海也開始會浮現實際顧客的面孔。

建立創意概念，重要的是考量使用者是誰、需要這些飾品的是誰等顧客的狀況，並思考該用怎樣的措詞來跟他們溝通。

Bouquet de Muguet

對訂定創意概念有幫助的習題

（回答是取自Bouquet de Muguet熊谷玲子小姐的答案）

1 你製作的是什麼？

飾品

2 你製作使用的材料是什麼？

天然石串珠

3 作品給人的印象是？

優雅、女性化、小巧有氣質

4 希望誰在什麼場合使用？或者你希望顧客產生什麼變化？

希望40多歲、50多歲的女性，在跟朋友午餐約會時，或出門時等日常行程中隨興佩戴

希望顧客不管幾歲都是「可愛的媽媽」

(POINT) 訂定創意概念的時候，重要的是去想像你是「為了誰而創作」這件事，在想像顧客群時，可以試著參考P.68的〈打造人物誌〉。

自我風格的建立方式 3

讓作品與印象一致

── 讓風格統一

我在P50介紹了Bouquet de Muguet玲子小姐如何訂定創意概念的實例，請大家要注意一點，就是創意概念和作品的印象應該是一致的。

比方說，玲子小姐做的飾品是使用天然石串珠，而她選用的天然石又是質感、尺寸、色彩都很高雅的，用它們來設計日常生活也能輕鬆佩戴的樣式，讓成熟女性能散發優雅可愛的氣質。

所以，就算你的每一個作品都很美，如果整體看上去給人的印象不一致，就會帶給顧客一種不協調的感覺。所謂沒有「自我風格」的品牌，就是指全體印象沒有一致性，這種不協調的感覺會像雜音一樣被忽略掉，無法讓人記住。

你的每一件作品都能夠帶給人同樣的印象嗎？

講到印象，或許有人會覺得是個很抽象的東西，不過印象還是遵循一定的原則所形成，決定印象的要素有五個：顏色、形狀、花樣、材料和質感。

根據這些，我們可以把印象分成幾個類別。

風格例

① 童話風格

顏色：淡粉藍、淡粉紅、象牙色、奶油色等柔和的色彩

關鍵字：童話、幻想的、淡淡的、清純、夢幻、甜美

花樣、材質：碎花圖案、小圓點；蕾絲、蟬翼紗、荷葉邊等

質感：柔軟、蓬鬆、輕飄飄

② 自然風格

顏色：象牙色、米色、綠色、橘色等存在於自然界的色彩

關鍵字：自然、簡單、療癒、新鮮、環保

花樣、材質：草木主題、素色無花紋；棉、毛、玻璃、鐵、木材等

形狀例：沒有華美的裝飾，盡量保留自然的簡單形狀

③ 休閒風格

顏色：鮮豔的紅、綠、藍、粉紅、橘、黃綠等自由、開朗、有玩心的配色

關鍵字：青春、大眾流行、熱鬧、朝氣蓬勃、爽快

花樣、材質：粗格紋、條紋、人物、動物、漫畫風；塑膠、橡膠、布、紙、棉等

形狀例：有玩心的造型，例如易懂的動物、卡通人物等主題

④ 優雅風格

顏色：低調的帶灰色彩

關鍵字：高雅、盛裝的、華麗、高級訂製時裝

花樣、材質：絲、天鵝絨、薄玻璃、珍珠等有光澤感的東西

形狀例：抽象的曲線

為了統一印象，釐清你肩負什麼任務、是以什麼樣的創意概念在為誰創作是非常重要的。

　　比方說，明明創意概念是「療癒疲憊的心」，做出來的卻是鮮豔的紅、黃、藍等休閒而朝氣蓬勃的新潮設計，印象就不一致了。

　　如果主題是「療癒」，應該採用奶油色、柔和的粉紅、粉藍，或是米色、綠色等存在於自然界的色彩，印象才會一致。

自我風格的建立方式4

LOGO·包裝也要配合作品
——將「自我風格」放進促銷工具中

要搭配的印象、風格不僅限於作品。

隨商品附上的LOGO、小卡、包裝等也是建立「自我風格」重要的零件。比方說，如果你的作品是新潮、現代的風格，包裝卻用蕾絲，給人的印象就不算一致了。想要建立「自我風格」，就要連LOGO、名片、摺頁、包裝等，全部都給人統一的印象。

字型、顏色、形狀會左右印象

創意概念「大人的幻想故事」Ne-gi 高橋之子小姐（詳細介紹請見P98）

之子小姐作品的主題是「故事」，不過並不是那種講給小孩子聽的故事，而是大人也能夠回味孩提時代，那種帶有懷念之情的作品，所以使用了有復古氣息的明朝體。

創意概念「可愛管理重要物品」atelier MOMO福島紗友里小姐（詳細介紹請見P70）配合「可愛管理」這個創意概念，選用了比較細（Light）的黑體字，另一方面也是考量到目標族群是30歲前後的女性，而想表現出輕快的感覺。

創意概念「成熟女性的豔澤飾品」White Cube 水谷有子小姐使用棉珍珠製作專為優雅成熟女性設計的飾品，所以選擇有襯線的字體，更添幾分優雅高級的氛圍。

創意概念是「給個○（圈圈）吧」yuriCo小姐她用羊毛氈創造出療癒妖精蝦夷小鼯鼠momo醬。一方面她希望透過momo醬傳達她認為給「圈圈」的重要性，因此設計店鋪名片和LOGO的時候都特別放入圓形。

讓作品與包裝的印象一致

在P62的個案研究中登場的
宇都宮美和小姐

作品：羊毛氈小鳥

小鳥＝大自然的印象。為了營
造自然的氛圍，會拿同樣是自
然風格的木材、繡球花的不凋
花等素材來裝飾。小卡上的圖
是自己畫的，美和小姐也選擇
了自己喜愛的淡藍色當作品牌
色。

在P66的個案研究中登場的
山之內唯小姐

作品：「童話森林的刺繡雜貨」
　　　spica-pika

配合作品，她也將童話氛圍的設計帶到
包裝上。有時候還會讓作品中兔兔的衣
服、蘑菇、草莓等設計跟盒子統一，而
關於每件作品的小故事說明也會一併放
進包裝盒裡。

製作促銷物時的重點

為了了解製作促銷物時的重點，我們訪問了以替手作達人製作小卡、摺頁聞名的SWAN PELAPELA FACTORY的負責人——壬生天鵝小姐。

1 · 注意字體和紙質等
文字的部分，要選擇易讀的字體，例如有些手作達人的顧客年齡層偏大，字太小讀起來可能就會有點吃力，所以要思考一下適合顧客年齡層的字體大小。另外，如果發放的地點在戶外，可以選用有上光覆膜加工的紙來預防沾濕或弄髒；作品本身如果是輕飄柔軟的感覺，那麼可以選擇觸感輕柔或沒有加工的天然紙，一切的重點都在於配合作品的印象。

2 · 使用精美的印刷、精美的照片
最近有許多印刷服務可以用低廉的價格接小量訂單。如果選擇自己在家印，很容易產生業餘的感覺，所以印刷方面我極力建議交給專業人士處理。此外，照片要選不經加工就能使用的高品質照片。

3 · LOGO不要屢屢更動
或許你會在不同的作品上選用不同的包裝襯紙，但可以藉由維持同樣的LOGO字體或是圖樣給人統一感，便於記憶。

4 · 文字類要澈底精簡

文字太多會讓人不想讀，造成費心寫的內容沒有人去讀。

撰寫的內容要依據摺頁、小卡、襯紙或是店鋪名片來配合調整，嚴選該放進去的訊息、標語、聯絡資訊（網頁、部落格、手作市場、社群網站等）、創意概念、商品說明，而內容都要盡量精簡。

5 · 聯絡資訊只放一個！

網頁、部落格、手作市場、社群網站，全部都想放！這種心情我可以理解，不過這樣一來，結果只會讓看的人不知道該看哪裡才好。所以只要放一個你真正希望大家看的地方，或是統整好全部資訊的一個網址就夠了。

自我風格的建立方式 5

會購買你作品的顧客是誰？

在訂定創意概念的時候，建議要一起考量會購買你作品的「顧客」。

從事販賣活動，當然需要有向你購買的顧客，你可以試著一個一個想像：那會是什麼樣的顧客？他們喜歡什麼、對怎樣的東西感興趣、會在哪裡買東西？

不過，我想有些讀者可能還沒有實際販賣的經驗，那麼你可以先試著想像：「我希望什麼樣的人來買我的作品？」

在這裡我們要介紹的是用羊毛氈製作小鳥的達人，同時也身兼工作坊講師的宇都宮美和小姐。

剛認識美和小姐時，她會用羊毛氈製作狗、貓和小鳥等作品，並在工作坊教學，同時，她也在學習如何設計造型和拍攝出美麗的照片。當時，她正在煩惱工作上應該朝什麼方向發展。

有朋友建議美和小姐：「很多人喜歡貓，你做貓的話會賣得很好！」美和小姐也知道「貓咪雜貨很暢銷」，但是當時她就是沒有那個意願。

因為創作者本人意願不怎麼高，加上手邊同時有作品販賣、教室經營、進修攝影技術等事務，所以她很煩惱到底該怎麼做才能夠把羊毛氈當成「工作」持續下去？於是我建議她，如果要當成一份「工作」，應該試著以目前已經有些成果的部分為中心來發展。

美和小姐當時在作品販賣、教室經營和攝影三個領域當中，教室每次開課都是座無虛席的。另外，美和小姐很喜歡小鳥，自己也有飼養，聽說在教室教如何製作小鳥的時候，學生都很喜歡，每次都會有人要求：「下次我想做這種小鳥！」

於是我就提議她以羊毛氈的「小鳥」為主軸，目標是能夠用羊毛氈做出小鳥圖鑑，讓大家只要提到「小鳥」就會想到「宇都宮美和」這個名字。做為品牌建立的一環，我請她開設「羊毛氈de小鳥圖鑑」這個部落格，隨時更新。

在集中製作小鳥作品，不斷更新部落格的努力之下，她終於能每次發文都成為部落格排行榜的冠軍。三個月之後，居然還得到出版社來跟她談出版書籍的機會。

從這個案例我們可以看出，在品牌建立的條件中有一項就是「清晰易懂」。

為了清楚傳達這個人是做什麼的、作品的主題或風格類型，這些訊息不管顧客是在部落格或社群網站接觸到，應該都要是一樣的，這一點非常重要。清晰易懂，就會讓人印象深刻。

當然，用羊毛氈做小鳥的手作達人很多，在眾多選擇當中，為了要成功吸引到喜歡美和小姐作品的人，必須每一次都要確實傳達作品的特徵和自己的強項。

以美和小姐為例，除了羊毛氈作品之外，照片拍得很美也是她的特徵。透過部落格和社群網站的介紹，大家漸漸都知道「美和小姐就是那個『用羊毛氈做小鳥的達人』」。

選好自己的風格類型，然後將它反覆呈現給大家看，是創造品牌的技巧。

持續創作羊毛氈小鳥，並且持續讓大家看見這一點的美和小姐，也如願出版了她的羊毛氈寵物鳥著作。

現在，讓我們回到主題上。對於用羊毛氈製作小鳥的美和小姐來說，誰是她的顧客呢？

羊毛氈 de 小鳥圖鑑・宇都宮美和小姐的作品

http://cotori-felt.com

喜歡羊毛氈的人？喜歡手作的人？

當然可能也會有這樣的顧客。不過，請仔細想想，對她而言最理想的顧客是「喜歡小鳥的人」才對，有養鳥或者喜歡小鳥的人，都可能會成為她的顧客。

當手作達人在思考「顧客是誰？」的時候，幾乎每個人都很容易誤解的一點，就是以為「顧客是喜歡手作品的人」。

當然，喜歡手作品的人也可能是你的顧客之一，但真正的顧客，是那些即使要掏錢也想買你作品的人。

我們假設你是一位製作手工嬰兒服的達人。你的顧客，也就是會掏腰包跟你買作品的，會是這樣的人嗎？如果這時候你的答案是「喜歡手作品的人」，我得請你再思考一遍。

我也知道的確有人會覺得「因為是手作品，所以我想買這件嬰兒服」。但實際上，真正會成為你顧客的，是那些朋友或家人生了小寶寶、或是自己有寶寶，正在幫寶寶找衣服的人，也就是具備「購買嬰兒服的理由」的人。

所以請你再仔細想想看，願意買你作品的顧客是誰呢？

CASE 了解顧客

了解顧客，就會發現
作品熱銷的線索！

「童話森林的刺繡雜貨」spica-pika的山之內唯小姐，她作品的舞台是一座虛構的森林，生活在裡面的兔子、貓、鳥都像人一樣有名字、有職業，她把這些童話世界裡的動物做成刺繡胸章。她說，自從開始透過各種活動，跟長久以來憧憬的手作達人們交流後，充分體認到創意概念和鎖定客群的重要性。

小唯小姐開始製作手作服裝和雜貨的契機，是因為女兒的誕生。剛開始的時候，商品多多少少是想為女兒製作的東西，她的創意概念是「讓女孩能夠閃閃發光怦然心動的刺繡雜貨」。

「回想當時，那個創意概念只不過是個『感覺上滿像創意概念』的東西罷了，定義其實是非常模糊不明的（笑）。不過，我觀察了那些受歡迎的達人，他們『為誰製作』這一點更為具體，顧客鎖定是誰，非常清楚明瞭，而我當時還看不清楚自己的顧客是『誰』。」

小唯小姐想知道自己的顧客是誰，於是決定嘗試到不同場合親自販售作品。她說，整整一年持續參加各式各樣的活動後，她清楚知道了自己想像中的顧客和實際顧客的差距。原本想像的是喜歡文創雜貨、30～40多歲的顧客，但實際上也有不少50或60多歲的人。

她還發現，原本以為顧客應該是以喜歡飾品為主，結果得知購買自己作品的顧客，多為喜歡動物或是實際上有養動物的人，還有一些客人是對童話風格或是各個動物角色的故事產生共鳴、想要尋求療癒感。

　　「比方說，養兔子的顧客看到垂耳兔造型的作品就會很高興，對於裡面的幾個角色也會說『這孩子怎樣怎樣』，把牠們當成像自己家人般疼愛。

　　「在我重新訂定創意概念之前，一直覺得『刺繡這個呈現方式』是最重要的。然而直到認識了自己的顧客，我才發現不只是刺繡，住在spica-pika動物森林的角色和故事，才是受到顧客喜愛的第一要素。」小唯小姐表示，今後她不會偏限於刺繡，而會活用角色的特色，來創作刺繡以外的作品。

　　認識客戶，就是認識到自己的作品可以在哪些地方得到他們的共鳴。而掌握住共鳴點，也就會是顧客想要的東西，最後就能帶領你做出暢銷的商品了。

http://spica-pika.com/

試著只想像一位顧客！

—— 打造人物誌

　　不限於手作，只要是想做生意，**招攬願意為你打開錢包的顧客是很重要的**。什麼樣的顧客會買你的作品？顧客喜歡的會是什麼？對什麼感興趣？過著怎樣的生活？你要澈底思考這些問題。

　　藉由具體勾勒出對顧客的想像，你就會知道如何去訂定作品的銷售戰略，像是「可以這樣展現作品」、「可以用這樣的文字來傳達訴求」、「他們這個時間在工作中，所以就選在這個時間po文到社群網站上吧」等等。

　　請想像你僅有一位顧客，我們稱這唯一的顧客為**人物誌**。

　　我在幫一些店鋪做規劃時，也會想像那家店唯一的客人，並以此製作圖像板貼在倉庫裡，讓自己跟店員能對目標顧客產生共同的印象：顧客喜歡這樣的東西、喜歡這樣的事，也常會在這個時間購買這樣東西！

　　雖然一切僅是想像，但是在經營過程中，會漸漸跟實際上的顧客產生連結，然後，店員也慢慢會在商品會議中不斷提出意見：「這個我們的顧客會喜歡對吧？」「這個跟我們顧客喜歡的東西不一樣。」

　　那麼身為手作達人的你，要如何去想像那唯一的顧客呢？

已經有銷售經驗的人，可以試著想像自稱是你作品忠實粉絲的人，或者是幾年前的你自己。

　　沒有銷售經驗的人，就想像你希望什麼樣的人買你的作品。

⊕ 人物誌設定得越細越好

　　比方說，如果你的「人物誌」設定是「35歲的女性，有個2歲兒子，在附近做兼職工作」，那麼請繼續往下挖：她從事的是怎樣的兼職？一週打幾天工？都用什麼交通方式前往工作地點？收入大約多少，有沒有職稱？……等等。

　　現在假設你是一位包包手作家，想製作上班跟假日都能背的包包。如果人物誌的工作是醫院櫃檯人員，她可能有制服，那麼，我們就可以想像她在通勤時的服裝，會是相對上比較自由而且喜歡的穿著。她的工作會涉及個人資訊，所以平時應該不會帶筆電或A4尺寸的資料在身上，如此一來，就可以想到她不會需要能放A4資料的包包，喜歡的可能是放得下最低限度隨身物品尺寸的包包。還有，如果她是騎腳踏車上班，也可以想到她大概會偏好可以空出雙手的斜背肩包。

　　藉由想像自己唯一的顧客，你會知道製作商品時應該強化哪些部分、要傳遞什麼訊息，才能夠引起對方的興趣。

CASE 人物誌的打造
打造人物誌而完成新作品的實例

　　福島紗友里小姐在懷孕的時候，第一次買了親子手冊夾，但因為用起來很不方便，就自己動手做了手風琴式的存放夾。為了服務跟自己有同樣煩惱的女性，她成立了以「可愛地管理重要物品」為創意概念的品牌atelier MOMO。

　　在參加現場活動販售作品時，有同業和自己創業做小生意的朋友跟她說：「想要一種多功能包，是可以把公務用的錢、存摺和家用錢包一起管理的。」

　　一般的親子手冊夾售價差不多在7000日圓上下，紗友里小姐想要製作的是價格相對更高的商品線，於是她著手開始設定新顧客的人物誌。

　　在大阪的咖啡店裡，我和紗友里小姐各據桌子一方，我們一邊討論一邊設定人物誌，新作品的顧客樣貌漸漸明確起來，也可以感覺得出她愈加神采飛揚。

　　看到她的樣子，我當時就確信她的新作品會熱賣！不只是手作，書籍和店鋪也一樣，只要你能具體在腦海中描繪出讀者樣貌或顧客樣貌，就一定會暢銷。

　　在紗友里小姐嘗試設定新人物誌的時候，我提供了一項建議：

使用這個新作品的人會閱讀怎樣的雜誌？我請她到書店研究一下，她覺得印象最吻合的，是用了很多「35歲起」這個關鍵字，針對職業婦女發行的雜誌《Domani》。接下來，就讓我介紹一下當時紗友里小姐設定的人物誌其中一部分。

【人物誌】

神崎優美

40歲。

創業邁入第7年，是在創業後結婚、生子，不過在孩子還小的時候就離婚了，跟念小學的女兒同住。

經營美體沙龍，有3家店，每家約有3名員工。

對自己物品的講究之處

跟其他人不同、高品質。

價格不是問題，最希望能擁有自己覺得「很棒！」的東西。

由於是一邊照顧小孩一邊巡視各店鋪，所以每天都很忙，會盡可能思考如何節省時間。

因此，她在尋找一個好用的包包，不過因為功能好的設計不喜歡，設計好的功能性又不足，所以還沒找到中意的。

目前的工作內容

現場執行都交給員工，自己是以經營者的角度遊走各店鋪。

日常生活

在巡視各店鋪和講座的空閒時間會穿插一些討論會議等，滿常待在東京都心的，有時候會順便在百貨公司地下街買買東西再回家。

在空檔時間會進咖啡店獨處，想一些工作上的點子。

所以家用的錢包不用說，工作上的卡、存摺等總是隨身攜帶，靈感浮現的時候，還需要一本能記下來的筆記本。

喜歡的雜誌是《Domani》。

至於服裝的部分，休閒中不忘氣質、女人味，喜歡有質感的東西。

包包通常價位在2～3萬日圓左右。

選用的不是名牌，而是其他地方找不到、能夠表現自己風格的東西才是她的方針。

日用品則選擇配合室內裝潢的包裝，且對皮膚和身體好的。

比較少在實體店購物，多選擇網購。

偏好

喜歡深藍、米色、白色、卡其色，不過會重點式地加入粉紅、皇室藍、黃色等點綴色。

生活理想

工作和休息時間都很充實，而且希望能盡情享樂。

我請她仔細閱讀三本雜誌，當中包括了《Domani》的舊刊號，然後從服裝穿搭或雜誌上使用的色調、文章當中挑選出一些關鍵字，來給這項專為女性創業家設計的商品命名。經過幾番討論最終整理出的結果如下：

這是專為「魅力職場女性」設計的最佳錢包～
能夠讓身為職業婦女、創業家、自由業者、店鋪經營者的您，說出「我在找的就是這個！」的迷你多功能包～

　　她設計了新的版型，尺寸可以容下「職業婦女」必備的存摺、長夾、智慧型手機、記事本等，材質則使用被稱為香奈兒斜紋軟呢（CHANEL Tweed）的英國LINTON公司的布料，價格則定在1萬6000日圓以上。

　　這個新作品，被放進親子手冊存放夾系列atelier MOMO的姐妹系列「etoile MOMO」販售。
　　紗友里小姐對於etoile賦予了以下期許：
　　・身為女性也是耀眼的
　　・在工作上也能夠蓬勃發展＝得到耀眼的成果
　　因此，她在包包上加上etoile（星星）的墜飾。

就這樣，一個新的多功能包誕生了！身為一位母親，身為一位經營者，在各種場合俐落工作的女性，這個包包可以讓她們更有效地利用時間，在換不同背包時，只要把裡面這個多功能包換過去就好了。

http://ateliermomo-fukushima.com/

這個系列的價格帶是她過去商品的兩倍，原本想找出「唯一的顧客」的煩惱獲得解決，她也詳盡地將作品的講究之處寫在網路商店的網頁上，結果第一批製作的商品立刻銷售一空。

⊕ 1mm的「自我風格」能夠帶來感動

如果只是想讓作品可愛，打個蝴蝶結、加一點蕾絲或是裝個墜飾，想要多可愛都不是問題。而令人印象深刻的設計，即使不是手作的，也要能夠帶給大家驚喜的一瞬間。

如果你想經營出一個能被長久支持、喜愛的品牌，就必須深思你的品牌希望獲得誰的喜愛？即使只是一個墜飾，也要賦予它意義，而包裝、小卡、商品命名也是同樣的道理，必須和作品產生有意義的連結，這樣就能埋下感動的種子。

人氣手作家的作品，就有許多這種「1mm的感動」。平均每個多加1～2mm，最後的總分就會有很大的「差距」。顧客會對於那即

使只有1mm程度（不，其實正因為只有1mm程度）的部分，感受到「居然做到這個地步?!」的驚豔，進而被吸引。

　　我們應該可以說，正因為是小小品牌，才能夠做出如此有魅力的特徵吧。

　　到這裡，我們已經跟各位談了創意概念和顧客。

　　在行銷用語中，會稱顧客為「目標族群」（target），但是我認為最好能夠把他們想像成一個人，所以使用了「人物誌」和「顧客」這樣的字眼。

　　藉由想像創意概念和「人物誌」（＝唯一的一位顧客），你的品牌就會變得更加明確易懂。

⊕ 掌握住顧客就無須再煩惱

　　常常聽到長久獲得支持的手作達人說，他們在創作的時候，腦海裡會浮現顧客的面孔。在去買材料的時候，他們似乎就已經能夠想像會對這些作品有興趣的顧客了，像是「這種素材A子小姐一定會喜歡」或是「這個設計好想通知B子小姐」等等。

　　當然他們會告訴你，這是經歷過無數次的錯誤經驗，才達到的境界。沒有東碰西撞四處挑戰，是什麼都學不到的，也就是有堅持繼續下去的毅力是很重要的！

人物誌製作習題

姓名（試著取一個假名看看）

住在哪裡？（設定能夠想像的場所）

年齡

職業與年收入（是怎樣的工作，要具體寫出來）

家庭成員

自己能花的零用錢

一天是如何度過的（平日／假日）

興趣

對金錢的看法

目前的煩惱

夢想

目前想要的東西

喜歡的品牌、電影、雜誌等

購物時是如何購入的呢？
（購入時參考什麼？決定購買的關鍵為何？）

自我風格的建立方式 6

讓大家「提到〇〇就會想到你」！

—— 思考定位的方式

　　會受到現在有人氣的東西吸引，而產生「看到人家做我也想來做做看！」或是「現在這個很夯所以我也來做」的想法是必然的，不過在這樣的情況下，做出來的東西會有你的「自我風格」嗎？人氣商品和流行或許可以當作參考，不過最終它們只會是暫時性的模仿遊戲。「現在可以稍微賣得不錯」，並不表示就會持續下去吧？

　　好的典範和壞的榜樣都要了解一下是沒錯，不過創立品牌最重要的還是「自我風格」，這會成為你和其他同風格類型的作家作品之間的「差異」，也會是顧客選擇你的理由。

　　要將這種「自我風格」明確化，還要能讓別人覺得「提到〇〇就會想到手作達人△△！」我建議大家可以利用「定位圖」（positioning map），它是可以幫助你找出自己和其他同類作品之間「差異」的分佈圖，在確認自己定位的同時，也能找出不擅長的區塊。

　　本書所介紹的達人們，大部分都落在和別人定位不同的區塊。編織娃娃品牌Ne-gi的高橋之子小姐（P98），也是利用定位圖找出了「有故事性的編織娃娃」這個特色。要讓人記住「提到〇〇就會想到手作達人△△」，就必須在自己的類別中找出「差異」，將它轉化為定位。

製作定位圖的習題

1 寫出同風格類型、同商品類別的手作家，或是自己憧憬的目標品牌。

---

2 寫下定位圖的縱軸與橫軸，並嘗試找出以下的A、B、C。

A 顧客從你作品感受到的長處
例如：
設計的個性 ←→ 材質的個性
可以量產 ←→ 獨一無二
多功能 ←→ 單一功能
贈禮 ←→ 自用
樸素 ←→ 精緻
高價 ←→ 低價
造型人物 ←→ 寫實
特殊日子用 ←→ 日常用
受歡迎 ←→ 不受歡迎
認知度高 ←→ 認知度低
歷史悠久 ←→ 歷史短淺
網路戰略強 ←→ 網路戰略弱
具備包裝力 ←→ 不具備包裝力

說得再具體一點，如果是編織娃娃、布娃娃、羊毛氈娃娃系列的作品，

能被療癒 ←→ 不能被療癒
有故事性 ←→ 沒有故事性

這些點對顧客而言也會成為價值所在。跟競爭對手相比「這一點我比別人強」、「這一點可惜我不是很擅長」也可以加進縱軸、橫軸裡面。

B 目標族群
例如：
20幾歲 ←→ 40幾歲
時髦感度高 ←→ 時髦感度低
媽媽 ←→ 家庭
有工作 ←→ 沒有工作
上班族女性 ←→ 創業家

C 印象
例如：
優雅 ←→ 俏皮

有趣 ←→ 認真

簡單 ←→ 奢華

傳統的 ←→ 流行的

有活力的 ←→ 清純的

溫柔的 ←→ 強力的

可愛的 ←→ 可怕的

3 從「2」當中選出各式排列組合（與自己的品牌相關的
軸）做為縱軸、橫軸，看看自己的品牌和其他品牌屬於哪
裡，將品牌名寫進去。

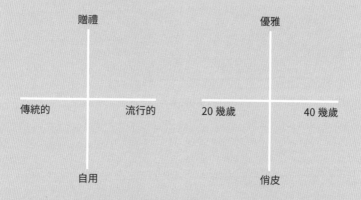

藉由代換不同的縱軸、橫軸來製圖，好處是，不只自己的
品牌，同時也可以將其他同風格類型、同商品類別競爭品
牌的定位明確化。

至於定位圖的縱軸與橫軸項目是什麼，並沒有一定的規則。

2

高 價 也 能 熱 銷！
商 品 結 構 的 建 立 方 式 ·
訂 定 價 格 的 方 式

手作達人在經營過程中幾乎都會遇到的一堵牆，就是「價格」。

你的作品漸漸打開知名度，一放上網頁就馬上被買走，一開始你應該只要能賣出去就很開心了，但是漸漸的，你發現再怎麼努力，自己獲得的收益都很少，於是開始煩惱「我有辦法這樣繼續下去嗎？」—— 這是很常聽到的狀況。

雖說如此，如果突然將價格調高，又會擔心顧客可能就不買了……可是製作作品的時候還是不太開心，總想著難道真的沒辦法提高售價嗎？於是便上網搜尋「提高價格的方法」，你是不是也有這樣的經驗呢？

因此本章要介紹的是，為價格煩惱的你，在調漲價格前需要知道的行銷基礎知識，以及藉由在商品結構上下工夫來提升銷售額和單價的方法。

要長久經營這份事業
必備的觀念

對於熱愛手作的你而言，會在心裡描繪「希望能夠靠手工作品維生！希望以此為業！」的夢想是很理所當然的。要當作正職，最重要的是如何持續下去，不是只有這個月過得去就好，而是連下個月、下下個月……都必須達成讓你足以維生的銷售目標才行。

這樣的話，每個月到底需要達成多少金額呢？

對於現在已經在販售作品的讀者，請把你一個月的銷售額，除以顧客每次購買的金額（稱為客單價），就會知道你必須賣給幾位顧客，生計才能成立。說得更正確一點，比起看銷售額，其實該看的是減掉成本之後所賺取的毛利。

例

一個月的銷售額	100,000日圓	100,000日圓
客單價	2,000日圓	5,000日圓
一個月最低顧客人數	50人	20人

只要參考例子就知道，最低顧客人數越多，就表示你必須做的商品數量也就越多。

許多手作達人在製作、宣傳、po網、寄送……等作業流程都是只靠自己一個人。所以要一邊處理雜務，還要一邊製作大量的商品，是會很耗心力和體力的。

　　當然，我想也有一些人會覺得，只要顧客開心就好，而繼續製作低單價的作品。雖然單價低，如果能做出一定的數量，而且不以為苦，對當事人而言也是一種喜悅，那麼這也是一件好事。

　　不過，如果你對於要做出很多數量覺得負擔沉重，短期一～二個月還能盡量努力，但如果要當正職一直持續下去，最後有可能會無法維持動機。

　　請記住，為了要當正職持續下去，不建議製作便宜、大量的商品，**你需要的是製作單價稍微高一點的東西，來確保提高利益。**

銷售額	顧客人數×客單價×回頭次數
原價	材料費
經費	人力成本、包裝材料費、運費、手工市場網站的使用費等
毛利	銷售額 - 原價 - 經費

價格是原價的三倍?!
訂定價格的基礎

　　如何定價是讓許多手作人都傷透腦筋的問題。

　　價格是左右商品是否賣得掉的重要因素,不過,便宜就一定賣得掉嗎?這也未必。而且,如果只是靠便宜讓顧客選擇你的作品,是無法長久的。

　　如果要以「松戶明美流」的方式訂定價格,重要的是在Part 1也學過的「人物誌」技巧。請想像你唯一的顧客,思考他會在哪裡購物?會對多少錢的「商品」感到有價值而購買呢?

　　會在學生街的租箱寄賣店購物的顧客,和平時在百貨公司購物的顧客,對於「貴或便宜」的觀感有明顯差距,而20多歲的學生和工作多年的40多歲女性,能自由運用的零用錢也不同。

　　因此,要設定自己理想的價格,思考「想賣給什麼樣的顧客」是很重要的。

　　我在想到新的商機時,一定先思考「誰會出比較高的金額向我購買?」有人願意出錢,生意才能夠成立,所以我會先回顧人物誌,訂定最適合的價格。

　　那麼你呢?

作品本身當然也是很重要的，但設定人物誌，就能夠選用最適合的材料、呈現方式和溝通方式。

關於手作品價格訂定的思考方式
有品牌力的手作品的價格＝作品＋價值

作品
材料費：為製作作品所花的費用
經費：小卡、襯紙、緞帶、包裝等的費用

價值
設計品味、原創性、趣味、潮流、投注的心力等

　　我之所以沒有在作品中放進跟製作相關的時間（工錢、人事成本），是因為我認為手作品並不是製作時間長就能讓作品有較高的價值。

　　比方說，就算是用市售材料組合起來的手作品，製作一個花不到10分鐘，但如果製作者注入了有魅力的設計及趣味，加上包裝和小卡都呈現「個人風格」，整體看起來很有個性的話，即使價格高我也能接受。相反的，不管花了再多時間製作，如果無法讓人感受到超越市售品的魅力，我覺得要定出高價是很難的。

　　不過另一方面，我也碰過會把製作時間的時薪，再加進售價中。以前訪問過的飾品製作商，也會把整個作業工程的作業費加進

來計算。

　　正如上面所述，手作品牌實際上並沒有「正確的價格訂定方式」，不過具備品牌力的手作品，是可以將作品與價值反映在價格上的。

※ 最近有些達人是像 P169 的 *PUKU* 森祐子小姐一樣，把一部分作業外包，在這種情況下，工錢就一定要加進來。

CASE 調漲價格的方式

提高價格以價格取勝！

　　A小姐是一位在家鄉的手作活動中販賣口金包的達人。

　　以前參加活動的時候，販賣口金包的只有A小姐一位，但今年口金包很受歡迎，變成A小姐的兩側也都是賣口金包的攤位，據說兩家店價格都比她略低。

　　在這種情況下，她覺得自己也降價會比較好，於是將內裡的布料改成便宜、較薄的材質，內袋也因為費工時，所以就省略不做，然後把價格調低。

　　結果沒想到兩側的攤位都大賣，A小姐的銷售卻一路低落。

　　對此A小姐很煩惱該怎麼辦，我給她的建議如下：

　　由於她的口金包，使用的是北歐風的布料，我建議她，為了讓顧客打開包口時會被裡面的布料感動，可以改用顏色鮮豔且有一定厚度的布料，或是把用在LOGO上的動物做成小娃娃別針別上去，來提高整體的價值。

　　原本一心只想著要節省材料費以便降價的A小姐，一開始聽到時覺得很驚訝，但實際上開始賣之後，她可以感受到每個顧客都對內裡鮮豔的顏色和可愛的娃娃別針很感動。

為口金包增添價值，提高售價，還是能夠讓顧客願意購買，這是因為凸顯了作品的個性，不只吸引到新粉絲，回頭客也增加了。

　　雖然材料費或是製作時耗費的心力都增加了，但是像手作這種小生意，無法像大製造商可以大批進材料來降低原價、售價。我想，與其花費時間精力去想辦法降價，不如思考如何提高商品價值，對你而言，這樣在製作上一定也比較開心。

兼顧適合「第一次接觸」顧客的作品和自己真正想賣的作品！

你應該看過，網購的健康食品或化妝品會有「免費提供試用品」的廣告吧？

對於企業而言，要負擔樣品成本和運費來寄送給顧客，是一項很花錢的工程，為什麼還要提供免費試用品呢？

會索取免費試用品的，基本上是已經注意到該款健康食品或化妝品的人，也就是對企業而言，此舉就像是對未來有可能成為顧客的人，伸出手來跟他握手，說「幸會幸會」的意思。

它可以讓用了試用品覺得喜歡的人，願意花錢購買。

企業這邊當然希望顧客從一開始就購買他們的產品，但是遇到有人來推銷的時候，大部分的人還是會猶豫而不會馬上掏錢吧。

於是企業就策劃出一個模式：先請顧客試用看看，如果覺得不錯，就請繼續購買支持。

行銷用語將免費試用品稱為「前端」，真正想賣的商品稱為「後端」。

「前端」是為了讓從未接觸的顧客去認識的商品，但能夠獲利、真正想販售的商品是「後端」；更重要的是，**前端是為了後端而存在的**。

這點在手作家的商品結構上也是一樣的道理。

比方說，你在活動中看到某個達人的作品，每件都是1萬日圓。雖然覺得「好棒，好想要～」可是，要馬上就乾脆地買下1萬日圓的東西，還是需要一點勇氣。你可能會猶豫很久，最後放棄的可能性也很高。

在這種情況下，如果商品線中有些是2000～3000日圓左右、容易入手的價格，你或許就會覺得：「其實是想要1萬日圓的東西，可是今天暫且先買2000日圓的好了！」

此外，買過一次2000日圓作品的這個經驗，會變成顧客和手作家最初的連結點。這個連結點，會是引起顧客興趣，讓他們覺得「我來找一下這個手作家的部落格，看看他還有什麼其他的作品！」或是「接下來他會參加哪裡的活動呢？」的第一步。

為了製造機會，讓從未接觸過的顧客認識你、記得你，請準備一些價格容易入手的作品。不過，如果全部都是容易入手的價格，或是只有這些作品賣得出去的話，就是商品結構有問題了。

前端是為了後端而存在的，所以備齊商品線的時候，要小心別讓前端變成主力商品。

設計出利於銷售
的商品結構

在Part 1中，我們談到重要的是創意概念與顧客，了解顧客，就會知道如何安排商品結構。

「我的品牌是這樣的品牌，希望販售給這樣的顧客，所以要備齊這樣的商品」這就是商務計畫。備齊顧客需要的商品是最基本的，不過為了便於銷售，也要思考商品結構與價格的排列組合。

比方說，你最想主打的是手作項鍊，原本價格設定在4000日圓左右。這時候，你不要全部都做4000日圓左右的作品，為了讓想販售的項鍊更容易售出，你應該準備在它之「下」和之「上」價格帶的作品，也就是3000日圓左右的項鍊和6000元左右的項鍊。

⊕ 塑造剛剛好的價格！「金髮女孩」效應

大家聽過童話《三隻熊的故事》嗎？

有一天，一位叫做歌蒂拉的金髮女孩來到森林裡，發現大熊、中熊和小熊三隻熊的家。三隻熊都不在家，所以她嘗了嘗熊準備好的粥，第一碗太燙，第二碗又太冷，第三碗剛剛好，於是她把那碗粥吃光了。吃飽了開始想睡覺的歌蒂拉，試著躺在床上：第一個床

太硬，第二個床又太軟，第三個剛剛好！

　　就像這個故事一樣，這種活用三個選項，讓顧客選擇「剛剛好」的購買心理，被稱為「金髮女孩效應」。

　　比方說，有一間高級的日本料理餐廳，推出松、竹、梅三種價格的午間套餐，你會選哪一個呢？如果用金髮女孩效果來看，據說以「2：5：3」的比例，選正中間「竹」的人會最多。

　　也就是說，如果你想賣出的是4000日圓左右的項鍊，別光準備其他同價位的商品，重要的是同時提供3000日圓左右和6000日圓左右的項鍊。

利益不是一定要均等

　　用前面項鍊的例子來想，3000日圓左右的項鍊可說是擔任「前端」的任務，假設它賣得很好，收益也是很低的。不過藉由備齊4000日圓和6000日圓左右的商品，比起只賣3000日圓的東西，收益就會提高。

　　我在擔任精品店企劃的時期，有從國外引進文創雜貨的經驗，當時把想要主打的商品的收益設得很高。同時，店面也提供其他必備、但收益較低的物品。

　　小規模店鋪和手作家的商品線，我認為觀念是一樣的。利用單項物品管理收益很重要沒錯，但如果要讓每一項單品的收益都相同，價格就會過高或過低，導致有些東西賣不出去，或是只有單價低、收益也很少的品項賣得很好，店家不得不持續增加製作的數量。

　　收益不需要均等，重要的是確保熱銷商品價格帶有一定的獲利，為了訂定熱銷商品的價格帶，可以試著參考「金髮女孩效應」來思考。

商品 A		價格	收益	成本
化妝包		¥1600 ⟷	¥900 ⟷	¥700

商品 B				
背包		¥5000 ⟷	¥3500 ⟷	¥1500

商品 C				
稍微奢華的背包		¥8000 ⟷	¥5000 ⟷	¥3000

LESSON · 7

如何調漲
販賣中的商品

　　手作品有一個特徵就是「無法大量生產」，像這樣的情況，我想大家都已經了解，藉由增加「自我風格」的價值，來提高售價是很重要的。為了苦於目前商品售價過低的人，我要來談談如何調漲販售中商品的價格。

　　看電視新聞也可以發現，常常會有因原物料價格上漲或匯率變動引起漲價的情形，我也看過因為材料漲價而調漲售價的手作達人。

　　不過，在沒有材料漲價或匯率變動等正當理由的情況下，又該怎麼辦呢？

　　原本是想要一些能幫女兒綁頭髮的髮束，而開始用羊毛氈製作髮飾的井澤博子小姐，在母親的鼓勵下，創立了TABA這個品牌，決定開始在手作網站販售。

　　因為製作方式都是自學的，所以一開始她也覺得不安：「真的賣得出去嗎？」在她開始製作女孩臉部造型的髮束時，發現賣得不

錯，因此在作品風格確立下來之後，她便把售價提高到800日圓。

　　然而，即使她努力控制製作時間，一個月能做的量就是二十五個左右，換算成銷售額是2萬日圓。當銷售一空的情形持續一陣子之後，顧客的訂單要求增加，她開始實際感受到繼續製作下去的難處。剛好就在這時候，她一直以來使用的手作網站邀請她出席講座對談活動。

　　在那次對談活動當中，她聽到手作前輩們提到他們「把時間、設計、一個一個手工製作的附加價值反映在價格上」，於是她的觀念改變了，覺得為了要繼續以手作維生，她有必要提高價格。

　　另一方面也是因為該網站的營運者推了她一把，所以在參加完對談活動的當天，她就付諸行動了。

　　首先，她將手作網站上的作品全部改成「完售」，然後在自我介紹欄寫了一篇公告，承諾「為了讓顧客更加滿意，會努力提升作品水準」，並且調漲價格。正如博子小姐的承諾，她不僅加強女孩臉部的精緻度，也下工夫更改了髮型、顏色，一週後她將新商品定為2850日圓再度開始販售，結果一售而空。

　　「我自己就是家庭主婦，對價格非常敏感。會有人願意出比午餐還貴的價錢買一個胸針嗎？以前買我作品的顧客還會繼續買嗎？這樣一想，我就非常擔心，不過現在我的觀念變成，顧客用寶貴的金錢來買我的作品，我必須更努力。」

　　博子小姐本來就喜歡服飾，所以會從髮型書或時尚雜誌找靈感，現在除了羊毛氈之外，還會加一些亮片等細緻的裝飾，以5000日圓左右的價格販售。

TABA・井澤博子小姐的作品

以前的作品

現在的作品

https://www.instagram.com/tabantaban/

利用「剛剛好！」的效果
漸進式將價格調高

接著要來介紹一個利用半年時間，把價格提高到五倍的實際例子。

經營編織娃娃品牌 Ne-gi 的高橋之子小姐，幾年前跟同鄉的朋友一起在手作活動中擺攤。當時娃娃的價格都不到1000日圓，但據說她製作至少都要花上一個半小時。

來參加活動的顧客，大部分都是家裡有小小孩的媽媽。不管小小孩再怎麼喜歡編織娃娃、再怎麼不願放開他們的小手，最後打開錢包購買的都不可能是他們。而身邊的媽媽們，也會覺得「以小朋友的玩具而言」要去買1000日圓的編織娃娃，門檻似乎有點高。

有一天，她發現自己那些無法大量生產的作品，不適合繼續用低單價販售，於是她下定決心，要更仔細謹慎地做出讓顧客愈加滿意的作品。

只是，不管再怎麼認真製作讓客人喜愛的作品、訂出符合作品水準的價格，如果顧客不改變，就沒辦法讓他們購買。

於是之子小姐決定要更換顧客群。

自己希望什麼樣的顧客來購買編織娃娃呢？她在經過一番思

考後，決定製作、販賣「成熟女性會想蒐集，具有故事性的編織娃娃」。

她暫停參加原本的手作活動，部落格名稱也更新為「為大人編織的幻想物語」，接著把作品po到臉書和推特等社群網站，並用部落格來吸引可能會喜歡她作品的人，然後在minne和tetote兩個網路平台販售。

原本賣1000日圓也沒賣出去的編織娃娃，在換了顧客群之後可以賣到2500日圓。

不過她一個月能製作的數量還是一樣，所以要增加營業額，必須增加單價。於是我建議她，不妨運用金髮女孩效應，將價格一點一點往上調。

比方說，想要將平均價格提高到3000日圓的話，就製作一個2500日圓的娃娃，而設定為「剛剛好！」價格帶的商品，就準備2800日圓和3000日圓的娃娃各2個。另外還會需要更高的價格，所以也準備2個3200日圓的娃娃。

重點在於增加你想銷售的商品價格數量，以及設定價格範圍，提供顧客更高價的選項。

這邊之所以把「剛剛好」的商品價格定為2800日圓和3000日圓，是因為2800日圓和3000日圓給人的印象不同，為了觀察顧客反應，刻意準備了2種具挑戰性的價格。

如果這個月這些商品都賣掉了，下個月就不要再販賣2500日圓的商品了，而是提供2800日圓的商品2個、3000日圓的2個、3200日圓的2個、3500日圓的2個。如果當月也都順利賣完了，再下個月就停賣2800日圓的商品……以此類推，就這樣一點一點將

價格往上調。

　　利用這樣的方式，之子小姐的作品現在都從3800日圓起跳，貴的甚至可以賣到1萬2000日圓。

　　當然，她改變的不只是作品本身的設計、品質，寄送給顧客時用的盒子也換了。為了切合「幻想物語」的主題，她選用了能喚醒懷舊感的深藍標籤，像書的封面一樣貼在盒子上，以維持「個人風格」的一貫性。

　　另外，之子小姐在變更創意概念的時候，也會把「物語」（故事）跟著編織娃娃一起放進盒子裡，變成附加價值之一。這個「物

Ne-gi・高橋之子小姐的作品和短篇故事

https://ameblo.jp/negi-amicco/

高橋之子小姐的小說刊登網站
http://slib.net/a/20349/

大人のための幻想物語
Ne-gi

語」很獲顧客好評，現在她甚至還在小說網站「星空文庫」刊載以這些編織娃娃為主角的短篇故事。

對顧客做出決心聲明，然後調漲的方式，和利用「剛剛好」效應慢慢調漲的方式，哪一種比較適合你呢？

如果你已經在從事販售，而且有一定的知名度，擁有「提到你就會想到這個！」這種已經是你代名詞的作品，那麼我推薦使用前者：清楚對顧客傳達訊息後，再予以調漲。

如果你的作品有複數品項，想要全體調漲的話，那麼我想後者比較能夠自然地將價格調高。

促進銷售該做的事

　　接下來要跟大家談談，已經達到目標銷售額的手作家，想要完成更高目標的話該怎麼做。

　　首先，銷售額是怎麼來的？

　　銷售額，是顧客人數、客單價和回頭客相乘的結果。

銷售額＝顧客人數×客單價×回購數

　　想要達到雙倍的銷售額，並不需要顧客人數、客單價和回頭客全部都變成2倍。比方說，一個月在網路商店更新商品一次的手作家，有10位顧客購買他的作品，每次的購物花費3000日圓，平均購買1次，那麼銷售額就是

　　銷售額：10人×3000日圓×1次＝3萬日圓

　　這位手作家想要提高銷售額，增加販賣次數，並且在店裡追加單價更高的商品，而顧客人數也增加的話……

銷售額：12人×3500日圓×2次＝8萬4000日圓

　　只要各項目一點一點提高，就可以達到2倍以上的銷售額。想提高銷售額，就有必要針對這三個項目訂定對策，付諸實行。

想增加顧客人數該做的事①
增加銷售通路

　　要增加顧客人數，我有二個建議。

　　第一個是增加銷售通路。

　　如果原本只有在網路平台銷售，那麼就試著挑戰在店鋪寄賣或能夠面對面銷售的現場活動，或是不侷限於參加單個手作市集，試著參加2～3個手作市集。

　　當然，視狀況你會需要做更多事和確保更多庫存量。

　　另外，寄賣要再扣掉20%～60%的寄賣手續費，所以定出能夠確保你收益的價格是非常重要的。

　　所以請記得做出有一定價值的作品，讓它的價格即使涵蓋了手續費等成本也賣得出去，確保你不管在哪個通路販賣都有一定的收益。

　　此外，增加銷售通路也能當作在主要銷售通路無法繼續使用時，迴避風險的對策。如果你目前只利用單一銷售通路，請開始準備拓展複數的通路吧。

※ 什麼是寄賣？
指的是手作家將販售業務委託給文創雜貨店、精品店等零售業者的方法，銷售金額由零售業者扣除手續費後支付給手作家。

在寄賣前應該先掌握住價格的訂定方式

（以批發價為零售價之 60%、寄賣手續費 40% 來計算）

材料費：假設為500日圓，想確保有700日圓利潤

500日圓＋700日圓＝1200日圓

1200日圓÷0.6＝2000日圓→販賣價格

※ 如果用 500 日圓＋ 700 日圓＝ 1200 日圓這個金額來銷售，手邊會剩下 1200 日圓
×0.6 ＝ 720 日圓。扣除材料費，手邊就只剩下 220 日圓。
※ 不管是寄賣還是自己在活動中或網路上販售，記得統一售價。

 寄賣的優點和注意事項

優點

· 可以請人代替自己販售

· 可以讓平時活動範圍外的顧客也看得到作品實物

· 可以讓作品刊登在寄賣店鋪的社群網站、部落格等
　不是自己經營的媒體上

注意事項

· 需花費寄賣手續費（因店鋪而異）

· 有時需另外負擔運費、匯款手續費等經費

· 作品與該店鋪的客群是否適合，會影響銷售狀況

⊕ 如何找出適合自己的店家

有許多手作家會因為寄賣手續費昂貴而卻步，但其實好處也很多。

藉由在自己沒接觸過的場所販售，能夠邂逅新顧客，或者透過與店家的往來，激盪出具有全新魅力的作品，都是其中的例子。

我之前企劃過一家店鋪，有很多女演員、造型師、電視或雜誌相關業者會光臨。這些顧客認識了手作家的作品，會當成口袋名單介紹給大家，或是在節目中提到，因而受到矚目，有很多手作家就此一炮而紅。

我曾經見過一位暢銷的手作達人不是很擅長利用科技產品，所以原本完全沒有在經營社群網站或是網路販售。他告訴我，很慶幸寄賣店鋪的店員會代替他在社群網站或部落格宣傳，讓他可以專注在最喜歡的作品製作上。

能夠專注在自己擅長的事上，對很多手作達人來說都是很大的益處吧。

現在有許多店鋪都會販售手作品，所以我也聽過交了貨卻沒被陳列在店面，或是店家突然關閉之類的糾紛。

所以在這裡，我整理出三個想跟店鋪建立良好關係、相互提高營業額，該確認的重點。

POINT 寄賣時要找到符合自己店鋪的確認重點

1 創意概念相符
跟店鋪的顧客也會情投意合，容易帶動銷售。

2 跟其他手作家的品味及價格帶相仿

如果其他手作家的作品太便宜，可能會造成你的作品賣不出去。創意概念就算符合，價格帶有很大差距時，還是必須注意。

3 積極活用網路工具

最近店鋪也多活用部落格及社群網站。記得看看他們都傳遞出什麼樣的訊息、又是如何介紹手作家作品的。

　　店鋪的狀況，我想不親自去看看多半無法了解，如果距離很近，請務必跑一趟，確認一下店裡的展示、招呼顧客的方式。如果可以的話，跟老闆聊聊會更好，包括氣氛、品味等，能夠了解彼此的感覺也是重點。

　　如果店鋪距離太遠，無法親自過去，就確認一下他們在社群網站都發佈些什麼樣的訊息、是否會積極行銷、有哪些手作達人參加過他們的活動等等。

　　以我的經驗來說，店員也會想多多告訴顧客，寄賣在店裡的作品有什麼特色，讓顧客感動、喜愛而購買。同時也會積極傳達顧客的意見，讓手作家可以進行回應。

　　店家和手作家有一致的目標，就是希望帶動銷售，因此雙方若能夠積極溝通，就能有長久而良好的關係。所以關鍵最終還是回歸到人與人的關係上。

　　在溝通的時候，請大家要記得遵守身為社會人士應懂的規則和禮節。

物色寄賣店鋪時的注意點

NG
· 不事先約好，突然擅自到店裡談生意
· 用複製貼上的制式email到處談生意
· 只顧確認買賣條件

交貨時如果附上了，會讓對方很高興的東西
· 作品的主題、材質（如果有用到有年分的東西，可以說明發
  現它時的心情和背後的小故事等）、完成作品時的心情、保
  養方式等，提供一些店員接待客人時可以傳達的資料，店家
  會很高興的。用手寫也沒關係，盡可能多提供一些資訊。

決定合作時一定要確認以下的條件！

□ 販售型態（寄賣還是賣斷）

□ 寄賣的手續費

□ 付款條件（銀行匯款的情況，手續費哪一方負擔？付款
　是月結嗎？）

□ 付款週期（截止日、付款日）

□ 瑕疵品處理方式（由誰負責回覆顧客？換貨退貨運費由
　誰負擔？）

□損壞、遭竊等情況下的處理方式（有賠償或保障嗎？）
□寄賣期間（是否有固定期限）

許多店鋪都會準備合約書、備忘錄，但如果對方什麼都沒有準備的話，請務必用email等能夠留下紀錄的方式做確認。如果對方在溝通階段就出現沒有明確答覆等應對含糊的現象，這家店就要特別提防了。

想增加顧客人數該做的事②

促銷活動

　　增加顧客人數的第二個建議是促銷活動。

　　超市或百貨公司等零售店為了增加顧客人數，一般最常做的就是降價或特賣會了，但是對手作家來說，不太建議用這種方法來招攬顧客。

　　雖說如此，還是有人會在參加大型活動時，提供現場購買的顧客小幅度的特價優惠，或是推出「只有三天」等期間限定的優惠活動。讓原本就在社群網站看到作品，覺得「好想要喔」或是「日後有一天會買」的潛在顧客，在看到難得的特價時決定購買。只要先有了一次購買經驗，往後要讓他們再度消費就不難了。

　　對於降價有抗拒感的手作家，我會建議利用附贈小禮物或是玩遊戲可以得到紀念品的促銷活動企劃。

　　在P34介紹過的旗手愛小姐就實行過這樣的促銷活動，讓現場購買商品的顧客抽籤，可以獲得下次購物時使用的折價券或是點心糖果等，客人都很高興。

　　我覺得，顧客和策劃人可以同樂，這或許也是促銷活動的魅力。

不過，這樣的促銷活動請不要長期實施，而是要限定場所、時間、數量、金額等，加強「只有在這裡」、「只有現在」、「只有幾個」這種特別的感覺，才會對增加客戶人數有加分的作用。

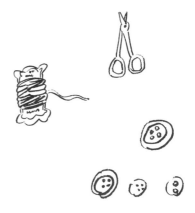

CASE 增加顧客人數
增加銷售通路成功的實例

B小姐經營主要在百貨公司或知名商場販賣的飾品品牌,她原本是將基於興趣所做的飾品放在網路平台Creema及手作市集中販賣。

剛開始的銷售額是3萬日圓左右。只有打工生活太無趣,所以她想當個消遣也好,才參加活動的,沒想到在活動中,遇到熱門精品店的人來問她要不要在他們店裡販售看看。由於那家店定期會在百貨公司販售商品,B小姐身為寄賣的一份子,飾品也得到在百貨公司販售的機會。

不過,當時做的飾品用的都是便宜材料,價格也差不多就是打平材料費而已。她考慮到要能在百貨公司販售、還要扣寄賣手續費等因素,就改變路線,成為即使扣除寄賣手續費還有收益可言的品牌。

由於在百貨公司販售,品牌印象和價格都提升了,也因為拓展了販售通路,原本手作市場或網路商店的顧客也會到百貨公司的活動購買。

B小姐目前一個月的平均銷售額是60萬日圓左右,多的時候聽說為期兩週的活動就能賣出600件以上的商品。

想提高客單價
該做的事

　　想要提高客單價，就必須做三件事。

　　第一件是在「金髮女孩效應」（P91頁）提過的，**請備齊比平均單價高的商品線**；或許有人會說「沒做過」或是「沒賣過」，但還是請先試著挑戰看看吧。

　　又不是直接被人說「你辦不到的！」卻主觀認定自己沒辦法做出比目前更高價的作品，這樣的案例真的很常見。

　　而我也常常事後接到手作家的通知，說實際挑戰之後，馬上就賣光了！

　　所以，首先請嘗試挑戰，準備一些比目前價值更高、定價更高的作品。

　　第二件是**讓相關的作品整組排起來，清楚呈現給顧客看**。

　　比方說，備齊跟耳環成套的手鍊或項鍊。不要光是販售單品，預先備齊成套的商品來販售，也能夠對提升客單價有幫助。

　　重要的是，要讓顧客可以很清楚看到「還有相關商品」這件事，如果是辦特別活動，就要清楚地傳達給顧客知道。

　　但是，如果把太多東西弄成可以配套，顧客也有可能會猶豫不

決，結果反而不買了。這時候也請回想三隻熊的童話故事，拿作品給顧客看的時候，記得一次不要超過三個。

接著第三件是**不要錯過能調漲單價的時機**。

文創雜貨界有一個一定能提高銷售額的月分，就是十二月。十二月是領年終獎金的時節，當月還有聖誕節，所以能讓較貴的作品比較容易賣出，數量也容易賣得多，因為顧客一方面想「買禮物送人」，一方面也會想要「犒賞自己」。

這個時期一個月就有機會賣出平時兩倍以上的數量，你可以在10月的時候先計畫好要賣什麼？賣多少錢？賣幾個？就可以在絕對不想錯過的12月商機中，創下一年當中的最高營業額。

此外根據作品風格，還有除了十二月以外利於銷售的時期。

如果你做的是幼稚園入園、小學入學相關用品，那麼將必要品項一整套組合起來，標好價格，在一～二個月前就公告，會便於顧客選購。

如果你做的是花藝、花圈等跟花草有關的雜貨，那麼母親節、聖誕節、過年等，任何有喜慶節日的月分就是有利提高客單價的時期。

重要的是，先想好顧客在什麼時候會需要你的手作品？然後在一～二個月前開始在社群網站上積極曝光行銷。

3

如何吸引粉絲．
如何吸引回頭客

◉ PART 3 POINT ◉

前面介紹過，創造銷售的要素是「顧客人數、客單價和回頭客」。

本章將介紹創造銷售的第3個要素：創造回頭客、創造粉絲。

支撐人氣手作達人銷售額的，比起新顧客，其實是重複購買的回頭客。因為買了很多次作品，所以稱他們為粉絲應該也不為過，就讓我們來介紹達人們都是怎麼吸引粉絲的。

在收到商品的瞬間，
馬上又想跟你買東西！

　　我本身習慣一週會在網路上買一、兩次東西，有些是生活必需品或食物，不過也滿常在喜歡的店買一些看上的雜貨。

　　大家在網路上下訂單後，等待東西送到的心情會很期待，對吧？等商品終於到手，要開箱也會有一股雀躍的心情，如果打開來一看，發現東西比想像中還要棒，好心情就會在此時達到最高點！

　　在這種情況下，如果盒子裡放了店家的型錄或新作品資訊，你會怎麼做？

　　沒錯！會馬上打開，想想接下來要買什麼。

　　其實，大家在第一次購買的時候，心裡就已經開始準備下一次的購物了。一旦買了一次，第二次、第三次要在同一家店購買的心理障礙就會下降，變得更願意下訂單。

　　或許身為手作家的你，已經有在包裝盒裡放給顧客的感謝函了，不過有試著吸引顧客再次購物嗎？

　　擅長製造回頭客的網購公司一定會做這個動作。新作品型錄、跟顧客分享製作花絮的小報、新作品資訊等，這些都是讓顧客和你更貼近的好工具。

介紹你為何成為手作家的摺頁、平時的製作花絮、會參加的市集活動等，記得準備這些能夠幫顧客認識你的促銷工具。

　　不過，在網路手作平台中，有一些會禁止你在寄送作品時附上自己的型錄和活動資訊，所以請務必確認過網站的規範，再來做一些「創造下次商機的提案」吧。

商品送達時，能感動顧客再次購物的促銷物有這些：

・型錄

固定商品和每季新作品的型錄。

由於肩負了促成下次購買的任務，所以作品的照片、尺寸、價格、可以在哪裡購買等資訊必須寫清楚。

・摺頁

為了讓對方了解你的品牌，記得把必要的資訊寫上去。

創立品牌的契機及理念為何、有什麼特徵、可以在哪裡買到商品等等，這些都是促成顧客再次購買的好工具。

・小報

把你目前正在製作的作品、喜歡的東西……等手作日常像寫信般整理成一張A4尺寸的文章。這是傳達你製作背景的訊息，能夠吸引粉絲。

・DM

如果近期內會舉辦活動或個展，就把這個訊息也放進去吧。

・禮物

有些手作達人會把作品照片製成明信片放進去。如果明信片做得很漂亮，就可以預期顧客會拿來裝飾在房間裡，這樣每次看到就會想起你。

附加的促銷物也一定要有你的「自我風格」！

利用部落格和社群網站
吸引粉絲！

最近的手作達人幾乎都很會利用社群網站工具和部落格。

不過也有許多人感到很煩惱，就算定期更新社群網站和部落格，還是招攬不到客人，或是得花好多時間在社群網站上，幾乎沒時間製作作品了！

由於常常可以聽見有人說社群網站可以招攬客人、帶動銷售額，導致大家容易誤以為只要用了就會有效果，其實如果沒有正確理解它們的角色定位和使用方法，就會淪為「只有讓你更忙」的工具。

所以請聰明地靈活運用兩者，來增加粉絲和回頭客吧！

部落格和社群網站的區別在哪裡？

部落格（Blog）

是Web log的簡稱，為在網路上留下紀錄（log）的意思。

像日記一樣，內容能夠儲存累積下去，屬於存量媒體（stock media）

是有助於加深顧客對品牌信任感的工具

社群網站

連結人與人的溝通服務，屬於流量媒體（flow media）
是能夠幫助打出品牌知名度的工具

可免費使用的部落格服務

LINE 部落格　　　https://www.lineblog.me/

Ameba 部落格　　https://www.ameba.jp/

Livedoor 部落格　http://blog.livedoor.com/

FC2 部落格　　　https://blog.fc2.com/

HATENA 部落格　http://hatenablog.com/

人氣社群網站的種類

推特（後改為X）

・用照片和文字聯繫

・發文、傳遞即時狀況的「now」（當下）的文化

・關注：你在追蹤的人

・追蹤者：追蹤你的人

・留言／讚／轉推（retweets）／#(主題標籤hashtag)

・文字與照片很重要！

IG

· 用照片和#聯繫

· 追蹤：你在追蹤的人

· 追蹤者：追蹤你的人

· 留言／讚／分享／#(主題標籤hashtag)

· 比起文字，照片和主題標籤更重要！

臉書

· 用朋友的朋友關係來聯繫

· 加朋友／追蹤

· 留言／讚／分享

· 重要的是你跟誰是臉友！

社群網站和部落格
分別該如何運用？

　　我曾經接受委託，在東京的展示販賣會代為販賣某位手作達人的作品，因為她本人無法出席。現場來了一位自稱是忠實粉絲的顧客，買了一個近3萬日圓的背包。

　　我問那位顧客：「您是怎麼知道這位手作達人的？」他告訴我：「我看了她在IG的作品照片覺得很喜歡，然後就對她產生好奇，開始讀她的部落格。」

　　雖然我每天都跟那位達人在臉書上互相按讚、回留言，那位顧客卻比我更熟悉她每天發生了什麼事、她養的貓以及手作活動的狀況。這位顧客說，因為讀了部落格，很欣賞她的生活方式和人品，因此得知東京有她的展示販售，就專程跑一趟來買她的背包。

　　就像這樣，最初的接點是社群網站，而部落格則扮演了加深信賴感的角色。

　　社群網站的資訊基本上都會很快「流」走，而部落格的資訊則會一直聚積下去，也常有好幾年前寫的部落格文章，今天依然有新的瀏覽。在不斷流逝而去的社群媒體上，因為不容易找出「想知道」的資訊，所以多數人會在看過社群網站之後，再仔細瀏覽部落

格或是上網搜尋。

　　流量型社群網站的特徵，是可以透過每天定期更新，讓作品和名字容易被記住。此外，社群網站基本上是反映「此刻發出的訊息」，因此可以藉由po出現在進行中的活動、銷售資訊等內容來招攬客人。

　　不過，我也聽過有位曾在社群網站上廣受歡迎的手作達人，有一陣子沒有出現在社群網站上活動，顧客就急遽減少。社群網站雖然有即時的效應，同時也意味著被覆蓋掉的速度也快，這樣的情況的確有可能發生。

　　雖然只經營社群網站或許比較輕鬆、容易持續下去，但是真正忠實的粉絲，其實大部分都同時是部落格的讀者。

　　想要讓顧客更了解你，請一邊在社群網站上介紹自己的作品，關於你這個人、詳細的製作內容分享等光靠社群網站無法詳盡傳達的部分，也請同時利用部落格來傳達給顧客吧。

適用於各種社群網站的使用訣竅

1‧確實填寫個人檔案

開始踏入手作領域的理由、製作理念、堅持的原則、使用什麼材料或工具來製作等，這些看不見但是很重要、能幫助大家認識你的資訊，記得都要寫進個人檔案欄裡面。

2‧增加追蹤人數

想增加追蹤人數，你必須先追蹤別人或是去留言。請先以一百人為目標，自己先開始追蹤別人吧。

3‧進行溝通

社群網站是一種溝通工具。對於總是支持我們的人，對他說聲「謝謝」，做出好作品的人，給他按個「讚」或是留下「好可愛喔」等感想。樂於這樣的溝通，才能為未來埋下種子。

4‧美麗的照片是必要的

在自然光源下攝影，或是小心不讓背景雜亂等，照片也是手作家展現品味的一部分，同時請留心作品和照片的印象是否一致！

5‧重視任何一則發文

你正在傳遞什麼訊息？在哪裡做什麼？這個時代只要一個點擊，就可以得知這些資訊。有時候僅僅一句抱怨或壞話，就會決定你的形象，所以隨時留心讓別人能夠自在舒適地接收你的訊息，是很重要的。

如何拍出能增加IG追蹤者的美麗照片

對於自認「我不擅長寫文章」的人，能夠開心經營的，應該是以照片為主的IG。我們請到在2017年IG追蹤者超過二萬人的cocotte尾山花菜子小姐教大家能夠增加追蹤者的照片重點。

1‧留意相機以及攝影的時間
想增加追蹤者，美麗的照片是必要條件。以前花菜子小姐使用智慧型手機拍攝，現在則是用無反光鏡單眼相機。為了拍得漂亮，她還會注意拍攝時間，選在自然光柔和的上午或早一點的下午前拍完。

2‧讓作品和照片印象一致
花菜子小姐覺得自己作品的可愛童話風格，跟IG提供的成熟懷舊感濾鏡並不協調，於是會先用LINE Camera進行後製，把拍好的照片修成輕鬆活潑的印象。也就是為了讓照片符合作品印象，應該要選用不同的濾鏡應用程式。

3‧還要注意背景、角度和色調
如果拍照都在同一個場地，那麼背景和角度就會通通一樣。花菜子小姐會留心試著更換拍攝場地或是讓背景有變化，來避免一成不變的感覺。

4‧活用影片
如果在煩惱追蹤者人數停滯不前，大家不妨參考受歡迎的IG用戶是怎麼做的。花菜子小姐注意到的是一些會po影片的用戶，

他們把製作的過程、作品會閃爍發光的特徵、搖動時發出的沙沙聲，都藉由短片來展現。最近花菜子小姐也會用直播視訊的方式和大家分享工作室的樣子。

cocotte・花菜子小姐的IG

https://www.instagram.com/cocotte_co/

寫部落格
如何寫到人心坎裡

部落格雖然是「日記」，只是寫些「吃了什麼」、「去了哪裡」等日常生活，是無法讓人長久讀下去的。

想要展現身為手作家的你以及人品，在更新部落格時應該注意哪些事呢？

我自己部落格寫了16年，不過開始能夠確定到底該寫什麼，也是因為2011年在部落格上開始建立品牌的緣故。

或許有人會對在部落格建立品牌抱持疑問，不過部落格是建立品牌最有效的工具。

就像P122介紹過的手作包包達人一樣，部落格是讓顧客從社群網站知道你之後，為了「想了解更多」而會搜尋瀏覽的地方之一。部落格的內容可能讓他們變成忠實粉絲，反之，也可能讓他們遠離你。

在部落格裡，決定好「不能寫什麼？」，跟決定好「要寫什麼？」是同樣重要的。我建議從一開始就訂定好不寫的事項，例如：不寫不滿和牢騷、不寫家人的事等。

特別是家人、小孩該怎麼呈現，應該有不少人為了這個問題感到頭疼。

如果是像P70的福島紗友里小姐的話，因為製作的是親子手冊夾，所以寫一些家人的事、跟孩子的互動等，會更容易引起顧客的共鳴。

如果製作的是以職場女性為對象的作品，也有些達人會決定不寫家人的事。

基本上，不是隨便寫自己想寫的，而是只寫顧客會想知道的訊息、跟自己的作品有關的訊息，這樣應該就沒什麼問題。

此外，文章內容及照片必須跟「自我風格」印象統一也是很重要的。試想若有個手作家的作品印象是洗練精緻，結果部落格上卻出現雜亂無章的工作室照片和熬夜的文章，應該會覺得不協調吧。發佈文章的時候，請留心自己希望呈現的形象。

(POINT) **能呈現「個人風格」的文章和照片**

・新作品

・製作場所

・製作時使用的工具

・找靈感時閱讀的書籍和雜誌

・關於尊敬的人、憧憬的人

・買了什麼樣的材料

・顧客的心聲

・感謝的心情

CASE寫部落格如何寫到人心坎裡

提升你的格調及做為手作家信賴度的文章實例

在北鎌倉用亞麻和棉紗製作服裝的品牌komof，經營者小森谷孝子小姐在部落格中，用「komof服的誕生」這個標題，介紹了作品的製作流程。

不只是我，或許很多顧客也一樣，對於服裝大致的製作過程應該只能想像到「把布買來、剪裁、縫製」這些步驟而已吧。不過從孝子小姐的介紹文章中，卻可以澈底感受到只有手工製作才能辦到的無微不至。

讓顧客看見布料的整布（譯註：指縫製前先將布料弄濕後，矯正布料的歪斜，以防止製成的衣服日後變形或再縮水的一道程序）、完成後的洗滌、曬乾、熨燙──這些製作過程，以及在這些過程當中對顧客的用心，不僅一方面能夠使顧客安心，同時也能讓他們心生「要好好愛護這件衣服」的想法。

就這樣把原本看不到的幕後製作過程和體貼顧客的心思，全都寫在部落格裡了。「從40多歲開始，能夠一直穿到60多歲、70多歲的衣服」，這也是一個把品牌創作理念化為文字呈現出來的良好案例。

在什麼機緣下選擇了這項材料、是如何設計、如何製作、如何包裝寄送給顧客的？這些過程，請務必用文字傳達出來。

komof・孝子小姐的作品

http://komof.com

在部落格介紹「komof服的誕生」和「亞麻是什麼？」

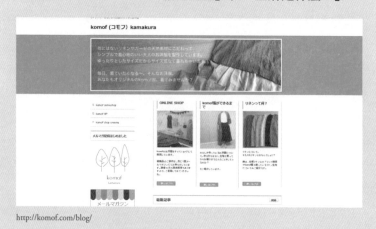

http://komof.com/blog/

如何讓部落格
為你帶來銷售量

在社群網站相遇、透過部落格加深信賴感，這些事固然很重要，但光憑這些是不會直接帶來銷售量的。

怎麼做才能夠讓部落格帶來銷售呢？在部落格讓大家了解你、了解作品之後，請傳達作品「在這裡可以買得到喔！」的訊息。

這叫做「引導線」。所謂的引導線，就是把「希望顧客這樣走」的計畫，做成一個易懂路線，因為沒有引導線，而造成原本有興趣的顧客流失的例子不勝枚舉。所以每當寫了部落格，請別忘了一定要在文章的結尾將顧客誘導到能夠購買你作品的網站去。

如果計畫參加的市集活動日期已經很近了，就要公告活動內容和會場；如果是寫了計畫中的新作品的文章，就貼上販售網路店鋪網址。

藉由清楚正確地帶動部落格讀者前往能購買作品的地方，就能夠由部落格帶來銷售。

在社群網站介紹作品→引導至部落格→引導至販售場所（貼上連結），請你務必留心這一連串的引導線。

創造手作市場中
的回頭客

　　在有了minne和Creema等手作網路平台之後，販賣手作品變得非常簡單。也有不少人像TABA的井澤博子小姐（P95）一樣，一開始是當成嗜好在做，後來利用這些網站，轉而以手作為正職。

　　註冊人氣手作網站minne的手作家人數，聽說原本只有二萬人，在2017年4月達到三十三萬人以上，登記販售的作品多達五百三十一萬件。

　　根據2016年2月公開的資訊，在minne販售作品的手作達人，月營業額在10萬日圓以上的有1227位。

　　這1227位當中的第一名，是經營錢包品牌No-ticca的天野真子小姐，據說她也是因為朋友說「想跟你買」才開始販售自製錢包的。

　　真子小姐一開始用的平台其實並不是minne，雖然她知道有好幾個類似的網站，卻不知道它們之間的差別跟特色，只是隨意選了剛好看到的網站。不過，她漸漸發覺那個網站和自己的作品風格不合，於是在尋找適合平台的過程中，看到了minne。

　　2013年她開始使用的時候，用布製作錢包販售的人很少，或許是出於稀奇，到了第三個月的時候，No-ticca被選為「minne矚目作品」介紹給大家，以此為契機，聽說真子小姐的訂單成長到原來的

兩倍。

　　由於迴響太大，她有個時期滿腦子都是萬一有人要退貨怎麼辦？顧客不滿意怎麼辦？因為過度不安而頭暈目眩，不過後來她轉換心境，告訴自己，就算發生了什麼事，她也會有應對的方法。

　　她說，後來就算真的遇到困難，也都會剛好收到讓她欣慰的正面評價，帶給她繼續製作的動力。

　　目前真子小姐固定的行程，就是每週五晚上八點準時更新minne店鋪，她會加入一些新布料花色的作品，並上傳好幾種設計樣式，總共接受五十～六十個的訂單，然後利用下一週製作、在週末寄送出去，反覆這樣的流程。即使是這樣的販售數量，她還是擁有很多新顧客、回頭客。關於理由，她告訴我們3個重點。

No-ticca・真子小姐在 minne 的網頁

https://minne.com/@no-ticca

No-ticca・真子小姐擁有許多回頭客的理由

1・聰明利用手作平台的特性！

手作平台不但可以用「手作家名稱」，也可以用「商品類別」來搜尋。也就是說，對於買方而言，他們很容易找到自己在找、真正想要的東西。不只如此，如果你可以擠進前幾名，顧客看到你的機率就會提高，所以真子小姐會定期點擊「錢包」這個商品類別，看看No-ticca被刊登在哪個位置、順序排在哪裡，只要能讓minne刊登為矚目商品，之後就會出現新顧客。她還設定讓連到刊登網頁的顧客，在一般接單日以外也可以購買，同時也會在標題部分就標明預定交貨日期，這樣就算交貨日期很後面，也能夠先下訂單。當顧客浮現「想買」這個念頭時，主動在最好的時機回應他們，也是一個重點。

2・選擇布料要重視拍成照片時給人的印象！

No-ticca的顧客是30～40多歲的主婦或粉領族，主打特色是搭配簡單服裝時能有畫龍點睛效果的斜背式錢包。所以為了讓顧客眼光不由得盯住這些錢包不放，真子小姐布料會選擇令人印象深刻、視覺上可愛的花樣，以及活潑鮮豔的顏色。在手作市場上，你的作品有時候會跟同類別的其他商品排在一起，照片要能令人印象深刻，這一點非常重要。

3・要有統一感，讓只買過一次你的商品的人，也能識別出　「這是No-ticca」！

排在No-ticca照片集裡的照片，角度全部一致，背景也改成更能襯托錢包花樣的白色基底。她會留心維持照片的一貫性，讓

只要買過一次的顧客，從商品類別那邊連到作品販售網頁時，馬上可以認出「這是No-ticca」！

由於開設簡便，手作網路平台的使用者年年增加，現在已經變成無法光憑作品的魅力來決勝負了。像真子小姐舉出的3個重點一樣，你必須事先掌握住網路銷售，特別是手作平台獨有的服務及特性。

No-ticca成功的理由，不只在於作品的魅力和易於入手的價格帶，也要歸功於真子小姐將minne的特性和使用的顧客研究得非常徹底。她有一段話令人印象十分深刻：

「我想，在minne的顧客中，有許多人是被手作的魅力吸引來的。但是手作家多半擁有職人特質，過度像個職人的話，手作的優點就不見了，而手工味過度濃厚，又會讓人覺得『什麼嘛，這我也做得出來啊』。No-ticca的目標，既不是職人也不是手作家，而是在兩者間取得平衡。我隨時都會一邊思考顧客要的是什麼，同時留心自己品牌的定位。」

No-ticca的錢包之所以能夠長紅，評價充滿了感謝和興奮的心聲，回頭客也非常多，應該是真子小姐隨時留心品牌定位，同時累積起與顧客間信賴的結果吧。

在網路平台
吸引粉絲必要的4點

　　網路手作平台的出現，使得過去各種基於興趣而產生的作品，在這個時代變得能夠當成有價值的「商品」來買賣。有許多人氣手作達人表示，他們在短期間內銷售額就上升，「手作平台讓我的人生不一樣了」。

　　網路手作平台正是實現夢想的舞台！不管你是剛開始製作的新手，或是以往不知道該在哪裡販賣的人也好，大家都得到了「販售」的機會。

　　屬於這些夢想舞台之一的minne，目前共有三十三萬名手作家正在使用。或許會有人擔心：「有這麼多人都在用，我的作品不是會被淹沒，沒人看得到嗎？」其實在minne，會有專人每天細心檢視不同風格類型的作品，尋找可以介紹給消費者的手作達人。

　　為了不要讓選物太偏向特定方向，他們會盡量從各種風格類型來挑選商品，不過會受到吸引的，還是跟顧客一樣，就是照片漂亮、個人檔案介紹吸引人、會定期上傳當季新作品的手作家——也就是一些看起來好像大家都在做，其實沒有真正「做到」的事。

　　如果想在手作市場被挑選出來，就必須在這些事項上特別花心思。

minne上的手作家年齡層範圍很廣，作品的類型也很充實，包括了小型家具或裝潢用品，它正漸漸轉變為能夠展現各式各樣衣食住行提案的生活類網購平台。你的作品或許也能夠成為讓人生活更豐富的作品之一呢！

(POINT) 我們來聽minne的行銷負責人青木小姐的建議！ 吸引粉絲的四個重點

1・第一印象靠照片！

對於沒辦法把實物拿起來看的網購來說，攝影技巧是不可或缺的，要利用自然光源攝影。如果是飾品或衣服，要讓人看得出尺寸，所以登出穿戴在人身上的商品照是很重要的，將顧客想知道的資訊放在照片裡面是一大重點。

2・是誰製作的也很重要！

有許多顧客不會只看作品而已，也會看手作家的自我介紹頁面。青木小姐說，她在選擇要特別介紹的作品時，也一定會先確認手作家的個人檔案：「要詳細寫出作品理念、素材介紹或是活動資訊等能夠讓人更認識這位手作家的內容，若能引起共鳴，自然就容易吸引到更多的粉絲。」

3・定期上傳新作品吧！

人氣的手作達人通常會定期上傳新作品，更新頻率高的是每天，低的也至少1～2個星期一次，想吸引粉絲，就必須下工夫讓看的人不厭膩。青木小姐說，有季節感的新作品，或是下一

季預計推出的新作品，就會很適合在電子報等地方做介紹。這點跟雜誌一樣，必須提供顧客不久之後會想要買的選擇。

4．為了持續經營下去，要在價格設定上拿出自信來！

青木小姐說，常看到一些價格定得很保守的案例。謙虛固然很重要，但是就顧客心理而言，太便宜的話反而會產生不安，她說：「正因為是用心做出的作品，也為了能繼續創作下去，希望大家可以拿出自信來訂定價格。」

手作市場網站minne

https://minne.com

LESSON · 9

活用電子報、LINE@
來提升活動中的銷售量

⊞ 利用電子報或LINE@來傳送訊息給顧客！

　　如果是很喜歡你作品的顧客，當然會希望比任何人都先知道新作品何時開始販售、在哪裡可以買到。

　　當然，或許你也有在社群網站和部落格發佈這些訊息，不過，想更確實、迅速地將這些訊息傳達給對方，最好能夠利用電子報或是LINE@這些工具了。

　　現在是智慧型手機普及的時代，大家接收想知道的資訊已經不是透過家裡的電腦，而是隨身帶著的智慧型手機。對你的粉絲來說也是如此，若能在第一時間從智慧型手機收到最新資訊，會是非常開心的事！

　　所以請好好利用電子報或是LINE@，定期將你的訊息傳送給大家吧。

　　用羊毛氈製作原創角色已經九年的羊毛氈達人「NOKONOKO」小姐，也就是滝口園子小姐。她非常有人氣，在2016年出版了著作《用羊毛氈做出圓滾滾肥嘟嘟小鳥》。

園子小姐是以現場活動販售作品為主，據說場次多的時候，一年多達十一次。

她都是用自己的網頁、臉書、推特（後改名X）、IG，再加上電子報跟LINE@，來通知顧客活動計畫及分享平時創作資訊的。

園子小姐開始使用電子報是在2014年5月11日，以「圓滾滾小鳥通信vol.0」為題發行，當初是為了宣傳自己要參加大型設計嘉年華活動的訊息。後來每當她更新部落格或有資訊想優先通知訂閱電子報讀者的時候，變成每週至少會寄出一次。

由於訂購電子報的讀者，通常是比部落格和社群網站還要頻繁的回頭客，或是更熱情的粉絲，所以常常聽到只要寄電子報，銷售額就會增加的例子。不過明知如此，要持續製作卻不是很容易，最後還是選擇停止發行的手作家也很多。園子小姐也說，因為在沒參加活動的時期能夠寫的資訊太少，會很煩惱，但是在活動現場遇到有讀者告知：「我有讀你的電子報。」她聽了很開心，這就成了鼓舞她繼續的動力。

園子小姐最近也開始利用LINE@，契機是得知使用LINE@是免費的。她會辦一些贈獎活動提供給來參加的顧客，部落格文章裡也一定會附上連結來增加LINE@的讀者。

我想同時管理電子報跟LINE@一定很辛苦，但是園子小姐告訴我，兩邊讀者的傾向和特徵是不同的。

「電子報因為必須登記email和姓名，跟LINE@相比稍微麻煩一點。即使如此還是登記的人，我想應該就真的是想得到資訊的鐵粉。而LINE@只要點擊就馬上可以輕鬆登錄成功，相對的，也有流

失率高的特徵。」

　　粉絲離開也是沒辦法的事，不用太介意，而是去思考如何帶給現在的讀者樂趣，這也是很重要的。

　　園子小姐其實不是很擅長寫文章，所以她會想辦法附上可愛的圖像，讓讀者看得開心。此外，每個月她都會提供一款手機桌布送給顧客，努力保持新鮮感。

什麼是LINE@？

指的是LINE@帳戶，它跟一般的LINE帳戶不同，你可以一口氣將訊息或資訊寄送給所有登錄在你LINE@帳戶裡的顧客或粉絲。

http://at.line.me/jp/

https://at.line.me/tw/

人氣手作達人利用的電子報網站
（電子報發行服務）

· Benchmark https://www.benchmarkemail.com/jp/

· アスメル https://www.jidoumail.com/

園子小姐透過 LINE@ 提供的可愛圖像和手機桌布

http://nokonokofelt.com

週年紀念是
顧客和你的慶典

你還記得自己品牌揭開序幕的日子嗎？

這也是你的品牌生日，我們接下來要介紹一個很棒的實例，這位達人會在週年紀念販售限定商品或是舉辦特殊活動。

川角章子小姐經營品牌 kabott 的創意概念是「為愛作夢的女性設計宛如童話場景的包包&雜貨」。她是一位到2017年為止，累積了十七年活動經驗的手作達人，為了想要感謝顧客長久以來的支持，於是在三年前開始舉辦週年慶祝活動。

其中最令人印象深刻的是慶祝十六週年那一次。那一年舉辦的不是過去採用的贈品活動，而是利用十六週年的「16」這個數字，製作了跟星星與星座有關的包包。在尋找主題的時候，她希望能找到既特別、又有kabott風格的東西，最後從實際存在的「天鵝座16」得到靈感，決定要製作「天鵝」包包，數量也限定是十六個，價格則訂為2萬2222日圓，因為這個數字看起來像是天鵝在游泳。她把自己的玩心和堅持都表現在週年紀念的「數字」和「主題」上了，也因為自己樂在其中，希望顧客也能分享這股雀躍期待的心情，所以她一點一點地把資訊公開到部落格和社群網站上。那是她第一次製作星座主題的包包，加上顏色內斂而時髦的設計得到很高

的評價，那十六個限定款不到一天就銷售一空。

「辦了週年慶，回頭客都很開心，有些隔了好一陣子沒買東西的客人也下了訂單，也有些知道我品牌的人說『想要做紀念』，所以第一次購買我的作品，這些都讓我很高興。」

在週年紀念的時候，利用相關數字做一些作品或是贈送紀念品等，企劃這些事，我想你一定也很擅長。如果有這樣的活動企劃，請記得在部落格和社群網站介紹，炒熱氣氛。

週年慶是一年一次的特殊日子，所以請嘗試不同於打折或免運費的策略，採用特別的價格、提供特別的東西的企劃吧。我想，顧客一定也會跟你一起歡慶品牌生日的。

kabott・章子小姐的作品

http://www.kabott.com

廣徵顧客的意見

　　在網路上第一次看到的店買東西，大家都會注意評價和顧客的心得，我最近也都會好好查看評價。不只是我，身為顧客，就會有「不想在這次購物上吃虧」的心情。

　　正因如此，要說服顧客相信「在這家店可以安心購物」，由店鋪來傳遞「有這麼多顧客都很滿意」的訊息是很重要的。

　　那麼，該如何蒐集顧客的心聲呢？

　　如果是面對面的販售場合，就能直接詢問顧客的感想，但是網路販售就必須麻煩顧客寫下來。

　　讓我們想想，怎麼做可以讓顧客樂意寫下對作品的感想？

　　如果你是顧客，在網路上買東西最興奮的是什麼時候呢？沒錯，就是當東西送達，打開包裝拿出商品的那個瞬間。在這個時候，「好開心！」「好可愛！」「還附上了這麼棒的訊息！」顧客的感動會達到最高點，所以我們要在這個時間點請他們留下一句感想。

　　可以在作品差不多應該送達的時候，寄封郵件問問「請問商品

平安送達您手中了嗎？」順便也問問感想。

　　也可以在包裝中放入寫著你的理念的摺頁，最後再加上一句「您的意見會帶給我最大的鼓勵」。對於想支持你的顧客，應該會欣然為你寫一句感想。

　　從顧客那邊得到珍貴的一句話，會是聯繫你和未來顧客的寶物。

　　好好思考怎麼做才能讓顧客欣然將感想告訴我們，也請把這些感想好好地蒐集起來！

POINT 蒐集・刊載顧客心聲的NG做法

✕　為了聽取意見聯絡好幾次

屢屢聯絡會造成顧客的困擾，請小心不要帶給顧客緊緊糾纏的感覺。

✕　未經許可就刊登在部落格或網站上

想刊登在部落格或網站等，請務必取得顧客的同意。有些人是「只寫姓名英文縮寫就OK」，你可以附上刊登的例子，清楚告知對方「會像這樣刊登上去」會更好。

4

維持手作家身分
的成功腦和推廣活動
的方式

不限於手作，任何工作做久了都會遇到瓶頸：

一直以來都很順利，最近銷售額卻開始減少；

知名度變高很開心，但是開始有人模仿我的作品；

沒有靈感導致做不出作品來；

作品暢銷很開心，但是無法做出更多的數量了⋯⋯

這些煩惱不是你獨有的，

這是在成長的過程當中一定會遇到的課題。

我們來談談在這樣的情況下，該如何培養自己的心智，讓自己可以更開心、更有自我風格地繼續從事最愛的手作工作，還有，要提升活動層次、讓自己更上一層樓，必要的條件又是什麼。

在增加新顧客和
回頭客前必須先做的事

　　我從為店鋪做企劃的時代就開始和手作家往來了，前前後後算起來，幫手作家做企劃少說也有十五年左右。在這些經驗當中，我觀察到能夠長久活躍的手作達人是有共同特徵的。

　　首先就是「決心」。

　　「要以手作家的身分維生！」抱持這種決心的人，會非常認真投入工作，積極聽取別人的意見，經過自己思考之後做出一定的成果。

　　不管什麼工作都是一樣的，下定決心的人，不會用讓自己後悔的半吊子態度工作。

　　許多人除了手作之外，平常還有別的工作，或是很重視家人之間的相處時光，即使如此，他們還是會確實管理好時間及目標、堅守交貨期限。當然，如果你問是不是所有這樣做的手作家都能走得很平順，答案是未必。

　　作品不像以往般暢銷了、遭到誹謗……現實中會發生各種讓你情緒低落的事情。特別是當作品開始賣不好，很多人容易犯的錯誤，就是拚命想辦法招攬顧客、改變一直以來的風格，或是想得太

簡單，認為「只要跟著來做這個就會暢銷」，然後緊抓著新的社群網站工具不放。

在這種情況下，重要的是「決心」才對。

遇到瓶頸時，不應該想用簡單的方法解決，最該做的是「改革自己的想法」才對。

如果你無法下定決心「做下去」，那麼再怎麼去接近新顧客、吸引回頭客、改成流行的風格，最後還是會落入跟以前一樣的處境。

我至今已經不知道遇過多少位有才華的手作家了，但是不管再怎麼鼓勵，如果當事者沒有下定決心認真投入，結果都會走投無路。

就像有人說他想減肥，但就算我每天做一百個仰臥起坐，也不會減到對方的體重一樣。

不管旁人再怎麼支持、有再多的粉絲，你不改變自己，就無法改變現狀。

為了持續走下去，必須跟你做個確認：
你能夠帶著專業意識和決心朝下一個關卡前進嗎？

要繼續手作活動必要的條件，
讓我們試著排一下優先順序吧。

1 招攬新顧客

2 吸引回頭客

3 排好日程表，加以管理

4 重新確認人物誌與價值

5 現況分析

6 將任務明確化

7 改革自己的想法

答案

1 改革自己的想法

2 將任務明確化

3 現況分析

4 重新確認人物誌與價值

5 排好日程表，加以管理

6 吸引回頭客

7 招攬新顧客

掌握好自己
能夠投入的時間！

要將手作當成正職，表示每個月都要賺錢，才能以此維生。就算這個月偶然有不錯的銷售成績，下個月、下下個月如果一直是掛零的話，要以此維生就很困難了。

因此，我們必須設定目標讓每個月都有銷售額。

設定目標的時候，有些人會定出不合理的計畫，這是在你沒有掌握自己一天、一週、一個月到底能花多少時間在手作活動的情況下，很容易犯的錯誤。

比方說，如果你有家人要照顧，同時有一份全職工作，週休二日，那麼在上班的日子之外，能夠花在手作的時間應該不多，大概是早上最多二小時左右，晚上也是，做完家事我想差不多就只剩一～二小時可利用吧。在這樣的情況下，也要看你的作品種類，一天要做出一個作品說不定會有困難。預先掌握週末集中作業的時候能夠完成多少進度，就可以避免設定出不合理的目標，導致無法達成而感到沮喪的情形。

你也可以考慮平日著重於更新社群網站、部落格和準備材料，製作時間則集中在週末等等，將不同的工作內容在日程表中排排看，就能夠設定出正確的目標。

然而目標無法達成，不能就一口咬定就是幹勁、決心或毅力不夠，因為時間對任何人而言都是有限的。不妨檢視你一開始的計畫是不是定得太嚴格了？請一定要先掌握好自己的時間，然後訂定正確的目標。

(POINT) **試著回顧你的一天吧。**
今天要做的事是什麼呢？

重要度

3　不緊急但重要	高	1　緊急且重要
例:去學攝影 →對未來有幫助的項目		例:顧客的交貨日是明天!今天之內必須把作品完成、寫出貨單、把作品寄出才行! →優先順序第1名
		緊急度
低		高
4　既不緊急也不重要		2　緊急但不重要
例:看電視、看漫畫 →這樣的行程要割捨掉		例:活動的慶功宴、幫父母的旅遊行程做預約 →不能拜託別人嗎?想想是不是必要的呢?
	低	

　　為了有效利用時間，必須捨掉「4」。為了不要讓「2」變成「現在非做不可的事」，有必要做好時間管理，如果不一定非要自己去做就交給別人吧，這也是時間管理很重要的一環。而像「3」這種「不用馬上做」的事，就很容易一直拖著，但為了將來還是需要撥出時間，建議可以從每天抽出10分鐘給「3」開始做起。

手作達人一定要懂
時間和健康管理！

　　我主持的文創雜貨工作塾有個「開心活動★學習討論會」，每個月會提供大家收看一支針對手作家設計的動畫講座影片，這個動畫講座會聘請手作達人來當講師。

　　在千葉縣八千代市自家開設花藝教室Fleur de saisons的達人武田美保小姐，曾在講座中舉出兩件工作上會特別留心的事，那就是時間和健康的管理。

　　工作一定會有交貨期限，就算孩子生病了或是使用的器材壞了，只要一決定交貨日期，準時交貨才是專業的做法。

　　調度材料、構思設計、製作、什麼時候寄出才來得及，一定要算出各階段所需的時間，然後訂出能準時交貨的日程表。

　　另外，美保小姐本身也擔任花藝講師，萬一自己健康出問題了，要找替代人選並不是那麼容易。所以為了不要給滿心期待來上課的學生帶來困擾，她平時就會特別注意，藉由運動增強體力，並且避開對健康有不良影響的生活習慣。

　　為了準時交貨，必須做好日程管理；為了在良好狀態下工作，必須做好健康管理。

一天的行程範例

時間	活動內容
05:00	起床 · 早安！
06:00	
07:00	家事
08:00	
09:00	拍照、部落格 · 社群網站、新作品構思
10:00	
11:00	午餐
12:00	
13:00	製作
14:00	
15:00	
16:00	
17:00	準備晚餐及其他家事
18:00	
19:00	
20:00	晚餐、和家人相處的時間
21:00	
22:00	出貨單 · 寄送的準備
23:00	就寢 晚安

創作欲降低
做不出東西來……
不想創作……

　　常常有手作家來諮詢的問題之一，就是「創作欲降低，做不出東西來」。

　　做不出東西的話，就沒辦法販售了，這是很嚴重的煩惱，不過在這裡我想請各位先思考的是，為什麼創作欲會降低呢？

　　創作欲降低的理由，多為長期睡眠不足導致身體疲累，以及看到其他手作家神采飛揚地進行各種活動，自己卻沒有……因為種種比較之下而造成的情緒低落，也就是說，原因似乎都出在自己的身心問題上。

　　任誰都一樣，會有興致勃勃創作力旺盛的時候，也會有動機下降、創作欲衰退的時候。遇到這樣的低潮，請確認到底是出於什麼原因，然後試著思考怎麼做才能把動力從負數提升到零。

　　在疲憊、睡眠不足的時候，我也會沒有動力，這種時候就會早點休息，讓自己充分睡飽。

　　至於跟別人比較而造成情緒低落的時候，可以告訴自己：「別人是別人，我做我自己該做的就好！」將注意力轉移到顧客身上，你有自己的顧客，他們只要手上拿著你的作品，就會露出笑容。

為了這些顧客，你該做的是做自己的作品！不要一直去想其他手作家，想著你自己的顧客就可以了。

　　有位手作達人，每個月都在同一個販售通路上賣一樣的作品，導致創作欲低落，她說那時候真的是對如此忙碌的手作生活疲憊到想要逃跑。

　　就在這個時候，她有緣參加了我的講座，我邀請她參加在東京精品店的展示販售，還請她製作不同於平常的風格，而是稍微再成熟一點的商品線。

　　雖然她是個很願意努力的人，不過當時我認為，如果她不想做或是覺得辦不到，一定會拒絕吧。實際上我也數度指出她的問題點，請她重做了好幾次，每次都有點擔心，結果她告訴我，因為能夠在跟原本不同的環境中用不同的思考來製作作品，讓她能夠脫離平凡的每一天，反而提高了創作欲望。

　　如果你覺得沒什麼動力，請先冷靜地回顧看看原因是什麼吧。

　　你一定能夠靠自己開出獨一無二、能夠好好面對自己、冷靜思考現狀的處方箋！

推薦給手作家的處方箋

出門類

‧看電影

‧逛逛各處的美術館

‧到感興趣的地方散步

‧造訪高級品牌店

※ 盡可能體驗不同以往的事物吧。

在家類

‧點精油

‧放喜愛的音樂

‧慢慢泡個澡

‧跟寵物玩

‧好好睡一覺

※ 開頭提到的中嶋友美小姐說過，因為用眼用得很傷，所以會盡可能讓自己睡眠充足，想辦法調整成理想的身體狀態也很重要。

想不出新點子……

—— 找尋靈感的方法

今天部落格要寫什麼、電子報要寫什麼呢……煩惱今天要寫什麼題材的經驗，我也常常有。

在這種時候，與其緊盯著螢幕企盼靈感從天而降，不如放下一切出門看場電影、逛逛展覽、看看公園裡的樹、聽聽音樂，其實更容易想出可以寫的題材。

以從事創作的手作家而言，不斷接受刺激是能夠持續製作新作品、想出新點子非常重要的事。

曾經有一位手作達人跟我說過「雜誌參考法」，她總是拿這個方法尋找靈感來源。

例如看服裝雜誌的時候，她會觀察服裝的配色、形狀、鈕扣、流蘇、刺繡等細節，就可以從文創雜貨以外的東西得到原創性的靈感，對於她創作新作品很有幫助。

現在什麼賣得好？是如何銷售的？怎樣的文案能夠引起注意？會讓人佇足的是怎樣的廣告？自己在購物或在超市、便利商店結帳的時候，就可以從身邊見到的行銷手法得到靈感。

暢銷作品、新作品的靈感，其實只要稍微改變一下自己的觀點

或看事物的角度，其實是無所不在的。

「當大家都朝向右邊的時候，我們就朝左吧！」這是我常常跟工作坊學員們講的一句話。

平時常常聽到「最近很流行這個，所以我也來做」或是「大家都在做，所以我也做一下比較好」等說法，問題是就算你「向右看齊」，這個領域或許已經呈現飽和狀態，或是你會不知道是否能靠這些「大家都會做的東西」來表現「自我風格」。

而且，就算是當前的暢銷產品，也很難維持一直熱度不退，有的時候會發生價格崩跌的現象。

如果大家都一齊向右看的話，有時候藉由看跟大家不同的方向，就可以看見隱藏下一波熱銷潮流的靈感喔！我常常會以「現在這個很流行」為基礎，去預測「接下來會怎麼演變呢？」最近甚至也會想到，我的公司之所以能夠經營16年，或許就是因為當大家都在看右邊的時候，我一直都是看著左邊的。

別把顧客說的「什麼時候都可以」當真！
——如何處理客訴與糾紛

　　顧客端常常聽到的不滿不外乎「沒有準時收到商品」或是「賣家擅自把交貨日往後延了」。

　　有些顧客會覺得你很忙而體恤你，我想很多人就仗著顧客那一句「什麼時候交貨都可以」，而優先處理別的事，最終造成交貨嚴重逾期。

　　在P153介紹過的武田美保小姐，也曾因為同樣的理由而惹惱了顧客。她說，所以後來即使顧客說「什麼時候都可以」，她還是會把交貨日期訂好，寫在訂單上，並且把影本交給顧客。

　　我自己也有跟手作家下訂單後，過了一年才收到的經驗。對方看來並沒有忘記，但是我沒有料到會等那麼久，所以很後悔一開始沒有跟對方說清楚最晚什麼時候想收到。

　　如果站在相反立場的話，你一定也能理解顧客的心情。

　　因此交貨日應該要跟顧客一起決定，而一旦決定好的交貨日，不管發生什麼事都要遵守。

還有，遇到顧客說「交給你決定就好」也要小心。我聽過一些類似案例，顧客後來會表示「其實我原本想要的應該是這樣」或「跟我想像的不一樣」，來來往往拖了很久，最後訂單被取消。你必須理解到，「交給你決定」的情況，其實才是最需要謹慎提案的情況。

　　再來就是接單的時候，訂單務必跟顧客各持一份。如果是完全量身訂做的情況，則有必要告知整個訂貨流程：什麼時候需要顧客付款、最慢何時可以取消、最多可以修改幾次等，都要仔細記錄清楚。

訂單的樣本（半訂製的情況）

接單日　　月　　日

姓名

地址

電話號碼

E-mail

交貨地點

禮品包裝服務

□ 需要　□ 不需要

半訂製商品名

顏色 □白 □藍 □粉紅

材質 □棉 □丹寧 □皮革

主題 □星星 □兔子

付款日　　月　　日

收據 □ 需要（抬頭名稱　　　　　）□ 不需要

交貨日　　月　　日

□ 取消規定、個人資料規定等相關資訊之介紹

如何處理常見的
客訴和糾紛

⊕ 跟照片不一樣！

如果錯在自己，就要馬上道歉，協助辦理退貨或退款。

如果是顏色的問題，例如因為電腦或智慧型手機畫面造成的差距，而導致的糾紛，請記得預先在販售網頁上註明「顏色看起來可能有差距」。

⊕ 顧客不付款！

可能純粹是顧客忘了匯款，也可能是對方下了訂單後又猶豫造成的延誤。

首先請寄一封確認郵件問問看，除了再次提醒匯款期限以外，也要一併告知逾期未匯款的後果（會被取消等等）。

有許多手作家連要跟顧客確認都會感到猶豫，我建議事先把從匯款到交貨的流程的底稿擬好，每當訂單進來時，就一併寄送出去，這樣一來，需要和未匯款顧客做確認的時候，也會更順暢。

⊕ 一用就壞了！

　　由於無法確定是強度不足，或是顧客的使用方式不當，首先先就「損壞」這個事實，和帶給顧客不安這兩點道歉。然後為了確認狀態，請顧客用「對方付費」將商品寄回。在確認完狀況後，關於會怎麼處理，要盡早聯絡顧客。如果可以修，就進行修理，責任歸屬明顯屬於製作方時，就盡量配合顧客的期望。

　　最近大部分作家會準備「警告標示」（使用說明及關於不當使用的注意事項）小卡。請參考市售商品，列出自己的作品需要注意的事項，在交貨時交給顧客。如果還能準備保證書，顧客購買上會更安心。

警告標示範例

‧洗滌時請手洗，勿與其他衣物混洗。

‧被汗水或雨水弄濕時可能會有掉色、染色現象。

‧粗暴的使用方式會造成損壞。使用時請謹慎小心。

‧請小心保管，避免讓孩童或寵物誤食。

‧本商品使用的素材非常纖弱易損。（配合遇水、勾
　紗、掉色等應留心狀況）

這些標示的用意在於事前提醒顧客注意，基於商品性
質或技術上的極限，可能對顧客造成的不利情形。

彈性處理「這個比較好！」的靈感

在某一年舉辦的設計嘉年華中，我看到了一個印象深刻、至今無法忘懷的看板，上面寫著「男人的橡皮章」。

現場有很多橡皮章手作家參展，但是這個引人矚目且令人印象深刻的命名，讓我忍不住停下腳步跟攤主聊天。這就是我和上谷夫妻的邂逅，先生祐樹就是製作男人的橡皮章的人，而妻子千尋製作的是羊毛氈作品。

他們參展的理由是：「我們之前去看春季設計嘉年華的時候，看到來擺攤的人看起來都非常開心！」於是祐樹先生用妻子買來沒用過的橡皮章工具，設計出「男人君」這個角色，並且製作成套的信封、信紙和貼紙。那時「男人君」的銷售額雖然只有2000日圓左右，但是他們覺得設計嘉年華很好玩，所以也都繼續參展。

祐樹先生原本是化妝品公司的研究員，他將身邊的各種實驗器材設計成角色，誕生出了「燒杯君」！在後來於名古屋舉辦的創意人市集上，同時販售原本的「男人君」和新作品「燒杯君」，結果買氣都集中在「燒杯君」上，創下他們參加設計嘉年華以來最高的銷售額。

一開始，燒杯君系列只有九個角色，每次參加活動，就會誕生十～二十個新角色，現在燒杯君的夥伴們已經多達一百三十位了。

　　這是文具和玩具製造商無法效仿的做法（畢竟是不容易被主流大眾接受的主題），而燒杯君這樣的小眾角色，卻能在手作活動中受到廣大的歡迎。它們超旺的人氣還引來出版社的邀約，出版了《燒杯君和他的夥伴》這本書，後來又出版了燒杯君的繪本《燒杯君與下課後的理科教室》。

出版的 2 本書

　　到現在，「燒杯君和他的夥伴」相關產品已經包括筆記本、紙膠帶、貼紙等。不只如此，祐樹先生的事業內容又增加了插畫這個項目，據說現在他主要就靠「燒杯君和他的夥伴」維生。

「喜歡」跟「開心」對於維持動機是非常重要的，但是過度拘泥於自己的「喜歡」，很有可能會斬斷新的可能性。

　　就算現在經營不順利，或是擅長的作品市場競爭激烈，如果可以彈性地嘗試挑戰新領域，或許你也可以像上谷夫婦一樣，創造出獨特、不輸給任何人的暢銷新商品。

　　如果你覺得「這個比較好」，時機到了，不妨改變自己的品牌，挑戰品牌重塑。

在手作活動中展出的模樣

http://uetanihuhu.com

LESSON · 9

組織能夠一起工作
的團隊！

等手作品開始暢銷，你的新煩惱就會變成「來不及製作」，如果還要連續參加市集活動，就會「沒時間做庫存」，也就是陷入無法創造銷售額的狀態。

這時候該怎麼辦呢？

＊PUKU＊的森祐子小姐，是製作一個一個銅版，然後像印刷繪本一樣地製作包包和雜貨。她說，自己也是到處都有工作邀約，卻無法交出足夠的數量，於是開始思考接下來該怎麼辦。

原本她委託不是很擅長針線活的母親幫忙，但是從早做到晚也沒什麼進度，偏偏她當時正好得參加一個大型活動，所以決定要找可以正式幫忙的人手。

她那時只是抱持著「多少可以輕鬆一點就好了」的心態，所以最早是拜託手巧的親戚和朋友們，但因為是認識的人，遇到問題無法暢所欲言，搞到最後自己還得想辦法修正作品。

即使如此，她那個時候還是覺得：「這樣總比一個人做下去好吧！」結果，才幾個月這條路就行不通了。

她後來透過親戚介紹，找到了一位七十多歲擅長縫紉製作的太太，以及國中同學介紹有家庭手工經驗的朋友，加上縫紉機維修業者介紹來的擅長使用縫紉機的人，成立了一個團隊。

祐子小姐現在可以毫無顧忌地指出問題點，和大家進行溝通。

她說：「回顧當初之所以不順利，我覺得部分原因在於自己下的指令不夠明確。」現在她會準備好附照片的指示單，請對方來工作室，一邊實際操作一邊口頭說明該注意的地方。之後，一定會讓對方製作一個，檢查確定沒有問題了，才會讓他們繼續做。

為了要下準確的指令，所以必須先做準備，雖然偶爾也會有覺得多費一道手續的時候，但她還是笑著跟我說：「自己沒動手，卻還是能拿到很美的成品會很感動。」

我想大部分的手作家，都會從親自動手製作中獲得喜悅，但是工作內容不是只有製作而已，經營、拍照、寫部落格、經營社群網站、出貨，全部都靠自己一個人是很辛苦的。

祐子小姐藉由建立了工作團隊、增加出貨數量，順利創下個展最高銷售額的新紀錄。

據說，有助手或外包幫忙，原本總是被工作追著跑的心情，也會變得輕鬆。

* PUKU * 森祐子小姐的作品

http://pu-ku.net

(POINT) 工作要委外的時候，需準備合約書和備忘錄

沒有合約書還是可以委託工作，不過如果對方無法遵守交貨日期，或是匯款拖延的話，就無法長久保持良好的關係。

所以，建議把「工作」上的規則和注意事項先寫成合約書（或是備忘錄）的形式，雙方做好協定。講「合約書」或許會給人很嚴肅的感覺，其實只要將彼此需要遵守的事項用條列式整理出來，雙方簽名，各留一份，這樣就夠了。

合約書和備忘錄要包含這些項目！

・日期

・是誰和誰的合約？

・以什麼價格製作什麼、製作幾個？

・什麼時候、用什麼方式交貨？

・付款時間為何？

・交通費、運費、匯款手續費等費用由誰負擔？

・萬一發生問題，修改和材料等費用由誰負擔？

有些資訊你可能不希望公開，例如：你是委託人、製作的
必要技術、材料費等，所以請記得將這些保密事項記載在
合約書中，註明對方不得公開。

不要只顧著攻，
守也同樣重要！

　　因為結婚、生子、育兒而淡出手作活動的德田洋美小姐，跟兒時玩伴下口裕子小姐意外重逢，兩個人邊討論有沒有可以一起做的事情，最終促成了布製的觀葉植物品牌ファブリックプランツ（Fabric Plants）的誕生。

　　兩位都有讓觀葉植物枯死的經驗，因此以「想做出不會枯掉的植物」為出發點進行嘗試，最後因為覺得太可愛了，「想讓更多人認識它，我們來賣看看吧！」於是開設了「創作園藝課®」的活動。

　　與其說是「手工藝作品」，其實她們更想要表現的是「藝術作品」，只是使用的是市售現成的材料，所以她們對於會不會有人模仿，導致價格下跌感到很不安。後來在百貨公司特展等場合販售的機會增加了，她們決定跟律師諮詢如何申請製作方式的專利。不過，因為「發明」是取得專利的條件，而「手作方法」很難認定為「發明」，於是律師建議她們用「創作園藝課®」這個品牌名稱註冊商標，後來也取得了「創作園藝課®」的商標權。

　　藉由註冊商標，她們不但可以保護自己重要的作品，也帶來了社會信用，開始得到一些企業的關注。她們獲得新的販售通路，也

能夠製作大型作品，甚至得以拓展活動範圍，舉辦工作坊或是販賣布製植物套組等。

什麼是商標？

商標是指標示「由誰製作」和「由誰提供」的標記®。取得商標權，可以讓自己的商品和其他人製作的類似商品做出區隔，將商品「是誰做的」這個出處和品質保證傳達給顧客。

取得商標的好處

☐獲得社會信用

☐證明原創性

☐能夠防止其他公司模仿、安心創造品牌

如何註冊商標？

向特許廳提出註冊商標的申請後，通過條件審查之後獲得登記，就會產生商標權。（編按：台灣讀者可向經濟部智慧財產局進行申請。）

商標的登錄申請可以自行辦理，不過也可以委託專利事務所、專利代理人這些專業人士代辦麻煩的手續。不過，在註冊商標之前，申請的時候要申請印花稅，註冊時還要註冊印花稅，如果是委託專業人士代辦，還會加上調查費與報酬（每家事務所費用都不同）。

最近由於手作品牌數量眾多，我常常看到不同手作家很巧地在同一個類別中用了同樣的名字當品牌名。自己投入許多感情挑選的品牌名，卻跟其他人撞名，這種情況大家應該希望可以盡量避免吧。

　　萬一真的撞名了，並不是哪一方先就由哪一方使用那個品牌名，而是有將品牌名拿去註冊商標的人才有使用的權利。也就是說，你含辛茹苦培育出來的品牌名，如果有其他人當作商標註冊，很可能某天你突然就無法繼續使用了。

　　往後，如果你想拓展活動範圍或提高知名度，希望繼續使用目前的品牌名稱的話，最好認真考慮是否要取得商標權，畢竟在進攻的時機，守備也是很重要的。

創作園藝課®
sousakuengeika

LOGO上有顯示有登記商標的®標記
http:// sousakuengeika.webnode.jp

http://sousakuengeika.webnode.jp

5

為手作家的煩惱
提出解答！

我常在雜貨工作塾® 被問到一些常見的煩惱，之前曾在部落格和電子報中回答過，現在則將這些回答整理在本章中。

調漲價格的時機為何？

維持銷售量穩定需要的是什麼？

內容基本上都是身為手作家曾煩惱過的疑問，大家可以順便當成到Part4為止的複習，再將裡面的主角代換成自己思考看看。

我想知道
調漲價格的時機。

關於如何調漲價格，本書前面介紹了二位作家的實例：

一位是 TABA 的井澤小姐，她的作品有一定的知名度，一發售就馬上賣光，而她也認知到「要長期以手作維生，最好提升價格」，毅然決定調漲售價。

而 Ne-gi 的高橋之子小姐，則是在重新審視價格結構之後，決定製作「最想賣的價格」的作品，並搭配更高價的商品，一邊提高整體價值，一邊調高售價。

你可以在品牌有了知名度、回頭客增加，考慮長期經營手作品牌的時候，選擇公開告知顧客，進行價格的調漲。請務必好好傳達調漲的理由，以及調漲後對顧客的品質承諾。

[價格調漲理由的範例]

過去我們是以○○元販售，但為了更強化顧客注重的△△（具體的詞句），以嚴選的素材與技術製作出更令您滿意的作品，因此決定調漲價格。

[對客戶的承諾範例]

我會做出比以往更令人滿意的作品，今後也請各位多多支持。

也有許多作家是像高橋之子小姐那樣，不特意告知，而是逐漸追加高價位的商品，改變價格結構，同時將包裝及促銷物等整體價值一起提升然後調漲。

如果採取這種方式，就不用去評估「什麼時機比較好」，是立刻就可以開始進行的方式。

建議你試著重新審視目前的商品價格結構，除了準備現在主要販售的作品之外，還要加上價格再高一點的作品同時販售，再逐漸將價格調高，應該會有不錯的成果。

其實很多時候如果價格太低的話，顧客反而對品質感到不安，不敢購買。請你試著用本書重新研究一下，訂定出「個人風格」，再重新調整價格。

不過要有心理準備的是，漲價之後不論如何還是會有顧客流失，特別是當顧客是你朋友的時候，還可能影響到彼此的友誼。

不過即使如此，請要有品牌邁向新階段的自覺，開心期待與新顧客邂逅吧！

如果因為顧客流失又開始降價，或是把作品的品質往下調，將會降低你的品牌價值。漲價的時機固然重要，但更重要的或許是「漲價之後也要堅持下去」的這個決心。

我自己並不覺得貴，
但參展時顧客反映「好貴」，
導致東西賣不出去。

我曾在名古屋的百貨公司做過一項調查。

有些手作家也會製作的商品品項，例如飾品或布製的小東西，在百貨公司也有販賣。在百貨公司，是如何展示高價位商品的？傳達了什麼樣的訊息給顧客？使用怎樣的促銷物？放在什麼樣的盒子裡？

這些資訊都非常值得參考，希望各位務必親自去取材一趟。

因為追根究柢，會被說「好貴」就表示「它很有價值」這件事沒有傳達給顧客，我們必須要好好讓顧客看到「它是高價的東西」。

比方說，你在製作時有哪些地方特別講究？如果使用的材質很好，就要確實將這一點傳達出來。如果製作上很費工費時，那麼也要清楚傳達「光是製作一個就有這麼多道程序，要花上多少小時」等等；而你投注了多少愛在這個作品當中，也請告訴對方。

交易這件事，原本就是「價值和金錢的交換」，因為價值沒有傳達出來，導致東西賣不出去的狀況比比皆是。

如果上述幾點都做到了，還是有人說「好貴」的話，那麼你可以想想看：有沒有認同你價值的人來參加這次活動？檢討販售通路是否正確也是很重要的。

　　我曾經遇過一位飾品做得非常美的達人，總是在煩惱「東西賣不出去」，但是商品價格已經比我想像的低很多，於是我問：「你都在哪裡賣呢？」他回答是位於學生街的租箱寄賣店。
　　這也難怪，40、50歲有工作的女性會覺得便宜的價格，對學生而言是很昂貴的，還有那裡沒有符合品牌目標的顧客，這些才是賣不出去的原因。

　　同樣的品牌在某些通路會賣得好，在某些通路卻很難賣出去。只要能在符合品牌目標的通路販售，就不會被說「好貴」，說不定反而會被說「好便宜」。
　　展示方式、傳達的訊息、販賣通路，請重新檢視這3點吧。

常常有朋友拜託我「幫我做這個」，
以後是不是拒絕比較好？

　　應該有很多人在成為手作家之前，曾經免費把作品送給朋友吧？

　　有很多人都有類似的遭遇，做東西送給朋友是成為手作家的契機，後來逐漸在寄賣或市集活動能達到一定的銷售額，不過三不五時還是會有朋友要求你「免費幫忙做一個」或是希望你提供便宜的人情價。

　　我也聽過一些狀況是，朋友還是用買的沒錯，可是一碰到漲價就不願意買或者取消訂單。想想以前是免費做給人家的，所以現在要談錢，大家難免覺得很尷尬。

　　但是你如果要成為職業手作家的話，這是必須克服的一堵牆，要劃清「是朋友所以免費」的界線。

　　如果不會成為負擔，那麼送朋友也沒關係，但是我有些手作家與其說是「討厭免費贈送」，不如說「討厭免費被視作理所當然」。

真正支持我們的朋友會問：「這麼便宜，沒問題嗎？」相反地，堅持要拗「免費」的人，感受到的價值也就只有「免費」這一點，並不是在支持我們吧。

　　我也常委託認識的手作家幫忙做東西，身為同行，我會請對方先給我報價再製作。雖然價格便宜我也會開心，但是真心支持對方的話，我會希望這位手作家能夠收下符合作品價值的報酬。

　　想脫離「免費」手作家的行列，要留意下列 5 點：

① 為了讓對方知道你從事手作的價值所在，務必讓他們看你部落格或傳單上的價格，
② 請養成習慣，遇到朋友叫你做東西，就微笑說：「那我估個價給你。」或是「你預算大概是多少呢？」
③ 下定決心克服這一堵牆。
④ 明白那些堅持喜歡拗「免費」的朋友，不會成為支持你的顧客。
⑤ 持續提升技術，努力提高身為手作家的價值。

　　收費絕對不是壞事，如果你對此抱持罪惡感，那是因為把自己的價值看得太低了。

　　請想想那些能夠感受到你作品價值而購買的顧客，調整一下自己的心理吧。

每個月銷售額不穩定，
該如何維持穩定呢？

　　煩惱每個月銷售額不穩定的人，可以試著檢視以下三點。

1 · 目標設定是否正確？

　　你一天當中能用在手作活動上的時間有多少？其中經營社群網站、部落格，以及花在製作的時間各有多少？

　　只要以一週為單位，檢視自己的時間，就可以看出自己到底能製作多少數量的作品。接著，請計算將這個數量的作品全賣出去，會是多少銷售額？確認這個數字是不是真的可以達成的目標。

　　如果是可達成的數字，就要請你多注意時間管理，盡可能做出能達成目標的作品數量。

2 · 想想看一年的銷售額

　　如果你一個月能花在手作活動的時間很少，可以用一年為單位來設定目標，分為製作月分和販售月分，這也是一個方法。

　　雜貨工作塾®的學員當中，也有人是計畫在旺季賣出雙倍的量，以此控制前後一個月的製作狀況，像是許多人不想錯過超級旺季十二月，就會定好計畫在二～三個月前做好充分的準備。除了製作

方面以外，利用社群網站和部落格進行宣傳的日程也要縝密計畫。

　　不管是以一週或一年來安排活動行程都可以，所以請大家各自檢視一下最適合自己的方式吧！

3 · 意志要堅強！

　　有些人是幾乎達成目標了，卻在就差那麼一步的地方妥協，然後安慰自己：「總有一天會做到！」

　　若是對「達成目標銷售額」的意志薄弱，就會在各種環節發生偷懶的現象。「都已經賣這麼多了，這個月這樣應該可以了吧？」我看過很多人會這樣告訴自己，然後在達成目標前停下腳步，為了克服意志薄弱的問題，專注於「達成目標」是很重要的。

　　在我輔導的學員當中，有人每兩個月才會達成一次目標，而理由他自己也很清楚，就是不夠有意志力，於是開始認真策劃達成每月目標銷售額的具體戰略，結果以往二個月才能達成一次的目標，變成每個月都能達到了。

　　有一次在月底前兩天的時候，他告訴我還差幾千日圓才會達標，於是我問他：「請想想賣什麼可以達成呢？」他馬上確認庫存跟價格，然後在部落格和LINE@向顧客宣傳，順利完成這個月的任務。認真去感受只差幾千日圓，結果沒有達到目標金額那種不甘心的感覺，其實是非常重要的。

我自己會辦一些小活動，
但是沒辦法招攬到很多客人，
怎樣才能將活動辦成功呢？

　　我也曾為雜貨工作塾®的學員們主辦過小型活動，這邊跟大家談談我會注意的點。

　　要把小型活動辦成功，需要下列五個條件：

① 舉辦地點要方便

② 招攬顧客要靠自己

③ 不要只準備容易製作的作品，而是會讓人覺得「就算高價也想要」的作品

④ 重視日常的人際互動

⑤ 跟顧客同樂

1 · 舉辦地點要方便

　　既然要出錢租場地，絕對要租交通方便的地點。要約朋友參加也是離車站近的地方比較好約，這樣有的顧客甚至會願意光臨好多次。

2 · 招攬顧客要靠自己

雖然會場那邊可能也會幫忙招攬顧客，不過坦白說，還是自己做效果最好。分發DM、在社群網站積極宣傳、就算活動很忙也努力更新部落格等，招攬顧客的工作請要有決心親自做到最後一刻。

3 · 不要只準備容易製作的作品，而是會讓人覺得「就算高價也想要」的作品

想做出一定的銷售額，你需要的就是高價的商品。活動前的準備時期，由於做大的作品比較花時間，大家很容易變成盡是做一些小東西，不過真正決勝負的是這些精緻到讓顧客感動的高價商品。

因為活動也算是一種祭典，在祭典、節慶紀念的時候，高價的商品比較有機會賣出去。所以為了首次消費的顧客準備容易入手的作品，同時也準備高價商品，兩者兼顧是很重要的。

4 · 重視日常的人際互動

在我舉辦展示會的時候體會到一件事，平時勤於參加其他手作家展示會的人，也比較容易邀請到人參加自己的活動。

也就是所謂的禮尚往來，我實際感受到平時多參加活動，與人互動是很重要的。

5 · 跟顧客同樂

不是以賣方、買方的身分，而是彼此是夥伴一起參加活動同樂的感覺來回應顧客，其中一個方式，就是在活動會場和顧客一起拍照。

在活動會場，要求顧客一起拍照，對不少人來說或許需要一點勇氣，但其實有很多顧客會說：「本來就很想跟手作家一起拍照！」

或是反過來，手作家主動徵求顧客的許可，跟他們一起拍照，並且發佈在部落格上，有時候顧客也會很高興。我觀察到，那些辦活動時顧客一次比一次多的手作達人，很多都是很重視跟顧客拍照紀念的人。

其他顧客看到之後會要求：「那我也要！」而照片能被po上網的顧客也會反映：「照片被用在部落格上好開心！」

我自己也是在活動中盡可能請顧客一起合照，會場也會開放讓大家自由拍照，再加上社群網站的宣傳效果，我的活動每天都盛況空前！

辦活動成功的祕訣在於「你能準備到什麼地步」，以及在活動期間「你能讓顧客參與到什麼地步」，請切記這兩點。

EPILOGUE ───────────────────────────────

後記

　　我曾擔任文創雜貨店的企劃人兼採購，然而不管累積再多經驗、對自己的眼光再怎麼有自信，進的貨能不能賣掉（特別是新風格的商品），還是會很擔心。有一位店長，不知道是不是看穿我的心思，總是這樣對我說：「松戶小姐，這麼可愛的東西怎麼可能會賣不出去呢？」

　　也就是說，如果這個可愛的東西賣不出去，一定是因為對顧客的宣傳方式、展示方法或接待態度有問題。這位店長展現出「去做這些努力是店員的工作」這個決心。

　　從事手作品牌輔導到現在，我總是會一再想起這句話。

　　如果賣不出去，可能代表你不能光仰仗東西本身的魅力、照片或社群網站，需要改變販售、溝通和呈現方式，還有你自身態度的時候到了。對於不安、煩惱的你，為了振奮心情，我希望你可以這樣對自己說：「這麼可愛的東西怎麼可能會賣不出去！」

　　為了出版這本書，我由衷感謝這一年多來，從企劃方向到撰寫內容，一直陪伴、鼓勵我的同文館出版的竹並治子小姐，以及欣然允諾讓我採訪的出色手作達人們。

　　如果這本書能夠成為各位讀者邁向下一個階段的契機，就會是我最高興的事了。

松戶明美（マツドアケミ）

國家圖書館出版品預行編目 (CIP) 資料

再貴也有人買！我的第一本手作品牌經營教
科書 / 松戶明美著 ; 李欣怡譯 . -- 二版 . -- 臺北
市 : 遠流出版事業股份有限公司 , 2024.08
面 ; 公分
譯自 : 高くても売れる！ハンドメイド作家ブ
ランド作りの教科書
ISBN 978-626-361-810-7(平裝)
1.CST: 品牌行銷 2.CST: 手工藝

496.14   113008954

再貴也有人買！
我的第一本手作品牌經營教科書（暢銷新版）

作者————松戶明美
譯者————李欣怡
總編輯————盧春旭
執行編輯————黃婉華
行銷企劃————王晴予
美術設計————王瓊瑤

發行人————王榮文
出版發行————遠流出版事業股份有限公司
地址————104005 台北市中山北路一段 11 號 13 樓
客服電話————(02)2571-0297
傳真————(02)2571-0197
郵撥————0189456-1
著作權顧問————蕭雄淋律師
ISBN————978-626-361-810-7

2018 年 9 月 1 日 初版一刷
2024 年 8 月 1 日 二版一刷
定價————新台幣 370 元
　　　　（缺頁或破損的書，請寄回更換）
有著作權・侵害必究 Printed in Taiwan

遠流博識網
http://www.ylib.com
E-mail: ylib@ylib.com